U0617237

民航安检理论与实务

主　编　薛　杰
副主编　谭　莹　谢　辉
　　　　刘彩平　孟会芳
　　　　刘建国

西安电子科技大学出版社

内 容 简 介

  本书紧扣初级安检员考核标准要求,既有全面的理论知识作为基础,又有实用的具体操作指导。本书内容涵盖了安检人员所需要掌握的基本理论:民航安检的基础知识、机场运行保障知识和安检各岗位职责、民航安检员服务礼仪和英语知识、物品检查知识以及机场联检,同时还着重介绍了证件检查、人身检查和开箱(包)检查的检查方法、程序和注意事项,力图在注重传授基础知识的同时,培养学生的实际操作能力。本书大部分章节都配有"案例分享"和"知识扩展"内容,并在最后简单介绍了 X 射线机的基本知识(作为向高等级安检员学习的过渡),努力做到理论联系实际,通俗易懂。

  本书可作为高职民航安检专业的教材,也可作为其他领域安检岗位相关人员的参考书。

图书在版编目(CIP)数据

民航安检理论与实务/薛杰主编 . —西安:西安电子科技大学出版社,2020.1(2022.8 重印)
ISBN 978 - 7 - 5606 - 4560 - 5

Ⅰ. ① 民… Ⅱ. ① 薛… Ⅲ. ① 民用航空—安全检查 Ⅳ. ① F560.81

中国版本图书馆 CIP 数据核字(2017)第 156570 号

策　　划	杨丕勇	
责任编辑	杨　璠	
出版发行	西安电子科技大学出版社(西安市太白南路 2 号)	
电　　话	(029)88202421　88201467	邮　编　710071
网　　址	www.xduph.com	电子邮箱　xdupfxb001@163.com
经　　销	新华书店	
印刷单位	陕西天意印务有限责任公司	
版　　次	2020 年 1 月第 1 版　2022 年 8 月第 3 次印刷	
开　　本	787 毫米×960 毫米　1/16　印张 11	
字　　数	218 千字	
印　　数	6001～9000 册	
定　　价	32.00 元	

ISBN 978 - 7 - 5606 - 4560 - 5/F

XDUP 4852001 - 3

* * * 如有印装问题可调换 * * *

前　　言

　　近年来,随着社会、经济的进步,民航业得到空前发展。与此同时,大量道德高尚、素质优良、技能娴熟的一专多能型民航服务人才成为民航业大发展的迫切需要。

　　民航安全检查简称民航安检,是指在民用机场实施的为防止劫(炸)飞机和其他危害航空安全事件的发生,保障旅客、机组人员和飞机安全所采取的一种强制性的空防安全技术性检查。民航安检是民航空防安全保卫工作中不可或缺的重要组成部分。在我国各民航机场活跃着由民航局授权的安检队伍。为保障航空安全,他们依照国家法律法规对乘坐民航班机的中、外籍旅客及物品以及航空货物、邮件进行公开的安全技术检查,防范劫持、爆炸民航班机和其他危害航空安全的行为,保障国家和旅客生命财产的安全。他们的工作具有强制性和专业技术性。

　　本书结合机场实践经验,对应民航安检员的岗位要求,并根据相关国际航空安全保卫公约、法律,以及《中华人民共和国民用航空法》《中华人民共和国民用航空安全保卫条例》《中国民用航空安全检查规则》等要求,在有关专家和技术人员的指导下编写。全书针对民航安全检查从业人员职业活动的领域,在结构上按照模块化的方式编排,并紧贴《民航安检员国家职业标准》,在内容上力求体现"以职业活动为导向,以职业技能为核心"的指导思想,突出高职教育特色。

　　本书在编写的过程中,参考了很多业内外人士的观点、书籍和文章，在此表示衷心的感谢。本书内容虽几经研讨，但由于编写时间有限，难免存在不足之处，在具体教学实践中，我们会不断修改和完善，望读者多提宝贵意见。

编者

2017 年 5 月

目　　　录

第一章 民航安检的基础知识

 **学习**目标

　　通过本章的学习，熟悉民航安检的概念、性质及任务，理解安检的职能和权限，了解民航安检相关的法律、法规以及我国安检发展的现状。

第一节 民航安检工作概况

一、概念

　　民航安全检查简称民航安检，是指在民用机场实施的为防止劫（炸）飞机和其他危害航空安全事件的发生，保障旅客、机组人员和飞机安全所采取的一种强制性的安全检查。

二、性质

　　民航安检具有强制性和专业技术性，其从业人员是国务院民用航空主管部门授权的专业安检人员。为保障航空安全，安检人员依照国家法律、法规对乘坐民航班机的中外旅客和物品以及航空货物、邮件进行公开的安全检查，以防止劫持、爆炸民航班机和其他危害航空安全行为的发生，保障国家和旅客生命财产的安全。

三、任务

　　民航安检工作的任务包括以下三个方面：

　　第一，对乘坐民用航空器的旅客及其行李，进入候机隔离区的其他人员及其物品以及空运货物、邮件进行安全检查。

　　第二，对候机隔离区内的人员、物品进行安全监控。

　　第三，对执行飞行任务的民用航空器实施保护。

知识 扩展

旅客行李运输

承运人承运的行李，按照运输责任分为托运行李、自理行李和随身行李三种。

"托运行李"指旅客交由承运人负责照管和运输并填开行李票的行李。

"自理行李"指经承运人同意由旅客自行负责照管的行李。

"随身行李"指经承运人同意由旅客自行携带乘机的零散小件物品。

重要文件和资料、外交信函、证券、货币、汇票、贵重物品、易碎易腐物品以及其他需要专人照管的物品，不得夹入行李内托运。若承运人将托运行李内夹带的上述物品遗失或损坏，则按一般托运行李承担赔偿责任。

国家规定的禁运物品、限制运输物品、危险物品以及具有异味或容易污损飞机的其他物品，不能作为行李或夹入行李内托运。承运人在收运行李时或在运输过程中，发现行李中装有不得作为行李或夹入行李内运输的任何物品，可以拒绝收运或随时终止运输合同。

旅客不得携带管制刀具乘机。管制刀具以外的利器或钝器应随托运行李托运，不能随身携带。

用于托运的行李必须包装完善、锁扣完好、捆扎牢固，能承受一定的压力，能够在正常的操作条件下安全地装卸和运输。否则，承运人可以拒绝收运。一般情况下，用于托运的行李应符合下列条件：

第一，旅行箱、旅行袋和手提包等必须加锁。

第二，两件以上的包件，不能捆为一件。

第三，行李上不能附带其他物品。

第四，竹篮、网兜、草绳、草袋等不能作为行李的外包装物。

第五，行李上应写明旅客的姓名、详细地址、电话号码。

托运行李的重量每件不能超过 50 千克，体积不能超过 40 cm×60 cm×100 cm。超过上述规定的行李，须事先征得承运人的同意才能托运。

自理行李的重量不能超过 10 千克，体积每件不超过 20 cm×40 cm× 55 cm。

每位旅客随身行李的重量以 5 千克为限。持头等舱客票的旅客，每人可随身携带两件物品；持公务舱或经济舱客票的旅客，每人只能随身携带一件物品。每件随身携带物品的体积均不得超过 20 cm×40 cm×55 cm。超过上述重量、件数或体积限制的随身行李，必须办理托运。

旅客的免费行李额（包括托运行李和自理行李）分别为：持成人或儿童票的头等舱旅客40 千克、公务舱旅客 30 千克、经济舱旅客 20 千克。持婴儿票的旅客，无免费行李额。

搭乘同一航班前往同一目的地的两个以上的同行旅客，如在同一时间、同一地点办理行李托运手续，其免费行李额可以按照各自的客票价等级标准合并计算。

四、安全检查工作的原则

安全检查（简称安检）工作应当坚持"安全第一，严格检查，文明执勤，热情服务"的原则，在具体工作中应做到：

（一）安全第一，严格检查

确保安全是安全检查工作的宗旨和根本目的，而严格检查则是实现这个目的的手段和对安检人员的要求。所谓严格检查，就是严密地组织勤务，执行各项规定，落实各项措施，以对国家和乘客高度负责的精神，牢牢把好安全检查、飞机监护等关口，切实做到证件不符不放过，安全门报警不排除疑点不放过，X射线机图像判断不清不放过，开箱（包）检查不彻底不放过，确保飞机和旅客的安全。

敦煌机场小孩坠机事件

不用买票，不用证件，机场就可以轻易进入；没有人阻拦，没有人发现，飞机就可以随随便便上，这事就发生在敦煌机场，而且还造成人员的死亡。

5月25日早晨七点五十分，某航空公司的一架从敦煌飞往兰州的空客320飞机，在敦煌机场经过一段滑行后，腾空而起。就在飞机以每小时270千米的速度，离开地面两三秒钟后，一个孩子连同一包南瓜子一起从飞机上坠落，摔在跑道上。孩子的头部和左肩先行着地，当场死亡。

（二）坚持制度，区别对待

国家法律、法规以及有关安全检查的各项规章制度和规定是指导安全检查工作的实施和处理各类问题的依据，必须认真贯彻执行，决不能有法不依、有章不循。同时，还应根据特殊情况和不同对象，在不违背原则和确保安全的前提下，灵活掌握处置各类问题；通常情况下对各种旅客实施检查，既要一视同仁，又要注意区别，明确重点，有所侧重。

（三）内紧外松，机智灵活

内紧是指检查人员要有敌情观念，要有高度的警惕性和责任心、紧张的工作作风、严密的检查程序，要有处置突发事件的应急措施等，使犯罪分子无空可钻。外松是指检查时要做到态度自然，沉着冷静，语言文明，讲究方式，按步骤有秩序地进行工作。机智灵活是指在错综复杂的情况下，检查人员要有敏锐的观察能力和准确的判断能力，善于分析问题、察言观色，能从受检人员的言谈举止、行装打扮和神态表情中发现蛛丝马迹，不漏掉任何可疑人员和物品。

(四) 文明执勤，热情服务

机场是地区和国家的窗口，安全检查是机场管理和服务工作的一部分。检查人员要树立全心全意为旅客服务的思想，做到检查规范，文明礼貌，着装整洁，仪表端庄，举止大方，说话和气，"请"字开头，"谢"字结尾，要尊重不同地区不同民族的风俗习惯，同时，要在确保安全、不影响正常工作的前提条件下，尽量为旅客排忧解难。对伤、残、病旅客予以优先照顾，不能伤害旅客的自尊心，对孕妇、幼童、老年旅客要尽量提供方便，给予照顾。

五、安全检查部门的职能

安全检查部门具有预防和制止劫、炸机等犯罪活动和保护民航班机及旅客生命财产安全的职能。具体如下：

第一，预防和制止企图劫、炸机犯罪活动的职能。

第二，保护国家和人民生命财产安全的职能。

第三，服务职能。首先，在保障安全的前提下，安检部门要尽力保证航班能正点起飞，不因检查原因延误飞机；其次，要文明执勤，树立为旅客服务的思想。

六、安全检查部门的权限

第一，行政法规的执行权。

第二，检查权。

安全检查部门的检查权包括以下几个方面：

(1) 对乘机旅客身份证件的查验权，即通过对旅客身份证件的核查，防止旅客用假身份证或冒用他人身份证件乘机，发现和查控通缉人员。

(2) 对乘机旅客的人身检查权，包括使用仪器检查和手工检查直至搜身检查。

(3) 对行李物品的检查权，包括使用仪器检查和手工开箱(包)检查。

(4) 对货物、邮件的检查权。

(5) 对进入候机隔离区和登机人员身份证件的核查和人身检查权。

第三，拒绝登机权。

(1) 在安全检查中，当发现有故意隐匿枪支、弹药、管制刀具、易燃、易爆等可能用于劫(炸)机的危险品的旅客时，安全检查部门有权不让其登机，并将人与物一并移交机场公安机关审查处理。

(2) 在安全检查过程中，对手续不符和拒绝接受检查的旅客，安全检查部门有权不准其登机。

第四，候机隔离区监护权。

（1）候机隔离区没有持续实施管制的，在使用前，安全检查部门应当对候机隔离区进行清查。

（2）安全检查部门应当派员在候机隔离区内巡视，对重点部位加强监控。

（3）经过安全检查的旅客应当在候机隔离区内等待登机。如遇航班延误或因其他特殊原因离开候机隔离区的，再次进入时应当重新经过安全检查。

（4）候机隔离区内的商店不得出售可能危害航空安全的商品。商店运进商品应当经过安全检查，同时接受安全检查部门的安全监督。

第五，航空器监护权。

（1）对出、过港航空器实施监护。

（2）应机长请求，经机场公安机关或安全检查部门批准，安检人员可以进行清舱。

七、安全检查工作的基本程序

所有安检人员必须熟悉安检工作的基本程序，明确要求。其基本程序是：

值班领导在检查开始应了解航班动态，传达上级有关指示和通知，提出本班要求及注意事项。

检查时，要求旅客按秩序排好队，准备好证件，首先查验旅客的身份证件、飞机票和登机牌，检查无误后再请旅客通过安全门，对有疑点者要进行手工检查，手提行李物品、托运行李和货物快件、邮件应通过 X 射线机进行检查，发现可疑物品要开箱（包）检查，必要时可以随时抽查。在无仪器设备或仪器设备发生故障时，应当进行手工检查。

安检人员应当对进入候机隔离区等候登机的旅客实施监管，防止与未经安全检查的人员混合或接触。应派员在候机隔离区内巡视，对重点部位加强监控。安检各勤务单位必须认真记录当天工作情况及仪器使用情况，并做好交接班工作。

第二节　安检人员职业道德规范

职业道德是人们在职业活动中应遵循的特定职业规范和行为准则，即处理职业内部、职业之间、职业与社会之间、人与人之间关系时应当遵循的思想和行为的规范。它是一般社会道德在不同职业中的特殊表现形式。职业道德是在相应的职业环境和职业实践中形成和发展的。职业道德不仅是从业人员在职业活动中的行为标准和要求，还是本行业对社会所承担的道德责任和义务。职业道德是社会道德在职业生活中的具体化。

职业道德规范是职业道德的基本内核，它是人们在长期的职业劳动中反复积累、逐步形成的，也是一定社会对人们在职业劳动中必须遵守的基本行为准则的概括和提炼。职业道德教育的根本任务是提高受教育者的职业道德素养，调整其职业行为，使受教育者能够养成崇高的敬业精神、严明的职业纪律和高尚的职业荣誉感。

一、安检人员职业道德规范的基本要求

在我国，安检人员职业道德规范是社会主义职业道德在民航安检职业活动中的具体体现，既是安检人员处理好职业活动中各种关系的行为准则，也是评价安检人员职业行为好坏的标准。鉴于安检工作的特殊性，安检人员职业道德规范应首先从观念上解决好以下四个方面的问题。

（一）树立风险忧患意识

安全检查的根本职能是保证空防安全，严防劫机和炸机事件的发生，其风险大，责任重。从 1977 年至 1994 年的 17 年间，我国共发生 35 起劫机、炸机事件。国际上，从 20 世纪 60 年代起，劫机、炸机事件逐年增多，最后急剧增加到一年内发生 91 起。这种恐怖破坏活动，危害极大，损失惨重，影响极坏，受到世界舆论的强烈谴责，众多国家相继采取严密的防范措施，但是，"树欲静而风不止"。随着国际国内社会形势的不断变化，恐怖犯罪分子总想兴风作浪，时时在寻找机会，千方百计地变换手段企图劫机，空防安全的风险和威胁无时不在。每一位安检人员必须牢牢树立风险忧患意识，坚决克服松懈、麻痹等心理障碍，保持高度警惕的精神状态，将各种不安全的隐患及时消灭在萌芽状态。

（二）强化安全责任意识

任何职业都承担着一定的职业责任，职业道德把忠实履行职业责任作为一条主要的规范，从认识上、情感上、信念上以至于习惯上养成忠于职守的自觉性，坚决谴责任何不负责任、玩忽职守的态度和行为，无视职业责任造成严重损失的，将受到法律制裁。安检的每一个岗位都与旅客生命和财产的安全紧密相连，空防安全无小事，失之毫厘，谬以千里。安全责任重如泰山。每一位安检人员必须时刻保持清醒的头脑，正确分析安全形势，明确肩负的安全责任，做到人在岗位，心系安全，坚持空防安全的操作规程一点不松，执行空防安全的指令规定一字不变，履行空防安全的职责一寸不退，确保空防安全万无一失，让党和人民放心。

（三）培养文明服务意识

文明服务是社会主义精神文明和职业道德的重要内容，也是社会主义社会人与人之间平等团结、互助友爱的新型人际关系的体现。安检工作既有检查的严肃性，又有服务的文明性。安检人员长年累月地与祖国和世界各地旅客交往，一言一行影响着中国民航形象，也影响国家和民族的声誉，每位员工都要自觉摆正安全检查与文明执勤服务的关系，摆正个人形象与国家民族声誉的关系，纠正粗鲁、生硬等不文明的检查行为，做到执勤姿态美、执勤行为美、执勤语言美，规范文明执勤的管理，塑造安检队伍良好的文明形象。

例如，世界著名航空业界调查机构 SKYTRAX 每年都会对世界范围内的 450 多家航空公司的机场地面各项服务及机舱内的各项服务品质进行全方位的审核评定，评选出五星级航空公司。成为五星级航空公司意味着该公司在服务创意性方面是最为领先的航空公司，也意味着它已经成为其他航空公司的榜样。

（四）树立敬业奉献意识

安检职业的特点要求安检人员必须把确保空防安全放在职业道德规范的首位，要求安检战线广大干部职工有强烈的事业心、高度的责任感和精湛的技术技能，具有严格的组织纪律观念和高效率、快节奏的工作作风，具有良好的思想修养和服务态度。从安检岗位所处的特殊环境看，安检人员要确立敬业奉献意识，必须正确对待三个考验。一是严峻的空防形势考验。安检队伍在严峻的空防形势中产生和发展，年复一年，日复一日地闯过一道道艰难险阻，消除了炸机、劫机的隐患。天下并不安宁，必须忘我地工作，高度警惕，守好岗位。二是繁重风险的岗位考验。安检人员长年累月起五更睡半夜，连续作战，艰苦奋战在一线岗位。三是个人利益得失的考验。在任务繁重的安检岗位上，个人家庭生活、经济收入相应会受到不同的程度影响，紧张艰苦的工作环境也容易引起思想波动。为了民航全局的整体利益，为了空防安全的万无一失，每个安检人员要在其位尽其职，正确经受考验，视空防安全为自己的生命，树立"亏了我一个，造福民航人"的崇高思想境界，热爱安检岗位，乐于无私奉献，立足安检岗位建功立业。

不断提高安检服务水平

自民航西藏区局开展创建文明机场活动以来，拉萨机场安检站以活动为契机，深化员工的安全意识和服务意识，在安全第一的前提下，从旅客的角度出发，想旅客之所想，急旅客之所急，积极营造良好的创建氛围，保证区局创建工作有计划、有步骤地开展。

为充分体现"人民机场为人民"的服务宗旨，安检员工从小事做起、从自我做起，树立"视旅客为亲人"的服务意识。安检站推出了《民航西藏区局安检站服务承诺制》，对承诺严格遵守，有诺必践；对旅客的有效投诉一查到底，对核查属实的违纪事件根据相关规定从严处理，并公布投诉电话。在全站范围内，推广《民航西藏区局安检站文明执勤用语手册》，优化安检站的文明执勤用语，切实做到语言美。针对旅客候检区域过于狭小的问题，安检站在保证一个 VIP 通道、一个国际通道的同时，保证国内旅检通道及工作人员通道的畅通，并在特殊时期开通特别的服务通道。2004 年 6 月，安检站推出了援藏干部专用通道；8月，安检站为去内地读书的学生开通了学生专检通道。

为了提升服务质量，安检站不断提高员工的整体素质，严格管理，严明奖惩，以思想教育为主，经济处罚为辅，对在执勤中文明礼貌、优质服务的，能以大局为重、正确处理旅客过激行为、切实维护安检形象的给予奖励；对员工发生违规违纪的，按照相关文件进行处理。安检站还制作了《安检站岗位职责讲述表》，让员工以亲身的体会来描述自己的岗位，从新的角度来认识岗位的重要性和服务的必要性，为旅客提供更好的服务。此外，安检站还制作了"拉萨机场安检服务质量调查表"并发放给旅客，起到了实时监督的作用。

同时，针对航班不正常、旅客情绪较大的情况，安检站依据《航班不正常服务预案》，加大文明执勤的工作力度，工作中沉着冷静、理智应对，在确保安全的前提下耐心细致地做好服务工作，减少旅客的不满情绪，及时组织旅客方便地通过安全检查。

二、安检人员职业道德规范的基本内容

安检人员职业道德规范是在确保安全的前提下，以全心全意为人民服务和集体主义为道德原则，把"保证安全第一，改善服务工作，争取飞行正常"落实在安检人员的职业行为中，树立敬业、勤业、乐业的良好道德风尚。根据民航安检工作的行业特点，安检人员职业道德规范的基本内容有：

（一）爱岗敬业，忠于职守

"爱岗敬业，忠于职守"就是热爱本职工作，忠实地履行职业责任。要求安检人员对本职工作恪尽职守，诚实劳动；在任何时候、任何情况下都能坚守岗位。

热爱本职、爱岗敬业是一种崇高的职业情感。所谓职业情感，就是人们对所从事职业的好恶、倾慕或鄙夷的情绪和态度。爱岗敬业，就是职业工作者以正确的态度对待各种职业劳动，努力培养热爱自己所从事职业的幸福感、荣誉感。爱岗敬业是为人民服务的基本要求。一个人一旦爱上自己的职业，他的身心就会融合在职业活动中，就能在平凡的岗位上做出不平凡的事迹。

"爱岗敬业，忠于职守"是社会主义国家对每一个从业人员的基本要求。任何一种职业，都是社会主义建设和人民生活所不可缺少的，都是为人民服务、为社会作贡献的岗位。无论什么工作，也无论自己是否满意这一职业，定岗以后，都必须尽职尽责地做好本职工作。因为，任何一种职业都承担着一定的职业责任，只有每一个职业劳动者履行了职业责任，整个社会生活才能有条不紊地进行。我们应当培养高度的职业责任感，以主人翁的态度对待自己的工作，从认识上、情感上、信念上、意志上，乃至习惯上养成"忠于职守"的自觉性。

"爱岗敬业，忠于职守"是安检人员最基本的职业道德，它的基本要求如下：

一要忠实履行岗位职责，认真做好本职工作。安检人员要以忠诚于国家和人民为己任，

认真履行自己的职业责任和职业义务，不论是查验证件，进行旅客人身和行李物品检查，还是监护飞机，都要做到兢兢业业，忠于职守。

二要以主人翁的态度对待本职工作，树立事业心和责任感。每一名安检人员都是民航的主人，是民航事业发展的创造者。安检工作是民航整体的一个重要组成部分，大家要自觉摆正个人与民航整体的关系，树立"民航发展我发展，民航兴旺我兴旺，民航安全我安全"的整体观念，热情为民航腾飞献计，主动为空防安全分忧，自觉为安检岗位操心，牢记全心全意为人民服务的宗旨，一言一行对人民负责，为祖国争光。

三要树立以苦为乐的幸福感。正确对待个人的物质利益和劳动报酬等问题，克服拜金主义、享乐主义和极端个人主义的倾向，乐于为安检作贡献。

四要反对玩忽职守的渎职行为。安检人员在职业活动中是否尽职尽责，不但直接关系到自身的利益，而且关系到国家和人民生命财产的安全。玩忽职守、渎职失责的行为，不仅会影响民航运输的正常活动，还会使公共财产、国家和人民利益遭受损失，严重的将构成渎职罪、玩忽职守罪、重大责任事故罪等，从而受到法律制裁。

（二）钻研业务，提高技能

职业技能也称为职业能力，是人们在职业活动中履行职业责任的能力手段，它包括实际操作能力、处理业务能力、技术能力以及有关的理论知识等。

"钻研业务，提高技能"是安检职业道德规范的重要内容。掌握职业技能是完成工作任务为人民服务的基本手段，它不仅关系到个人的能力和知识水平，也直接关系到安检工作质量和服务质量，以及人民群众的切身利益。安检工作是一项政策性、专业性与技术性都很强的工作。从安全检查的内容来看，安检工作包括验证、操机、设备维修等技术性工作。从安全检查的对象来看，旅客携带的行李物品各种各样，有的是一般生活用品，有的则可能是武器、管制刀具、炸药、易燃易爆物品、传染性物品、腐蚀性物品，以及一些高科技产品如精密仪器等。如何准确无误地从各式各样的物品中查出危险物品和违禁物品，仅靠责任心是不够的，还需要有较强的业务技能。因此，刻苦钻研业务知识，精通业务技能，已成为安检人员迫在眉睫的任务。

提高业务技能应具备以下的三要点：

一是系统的安检基础理论，如安检政策法规理论、防爆排爆基础理论、民航运输基础理论、飞机构造基础知识、计算机基础知识、法律基础知识、常用英语基础知识、心理学基础知识、外事知识、世界各国风土人情和礼节礼仪知识等。

二是精湛的业务操作技能。无论是证件检查、X射线机检查、人身检查，还是开箱（包）检查、机器故障的检测维修、飞机监护与清查，其实质都是技术较密集型岗位，每个安检人员应努力做到一专多能，在技能上精益求精，成为合格的岗位技术能手。

三是灵活的现场应急处置技能。安检现场有成千上万名旅客流动，其情况复杂多变，突发问题随时可见。因此，灵活的现场处置能力尤为重要。

（三）遵纪守法，严格检查

遵纪守法是指每个劳动者都要遵守职业纪律与职业活动相关的法律、法规。"严格检查，确保安全"是安检人员的基本职责和行为准则。"遵纪守法，严格检查"的基本要求如下：

一是要求安检人员在安检过程中，必须做到依法检查和按照规定的程序检查。其中，《中华人民共和国民用航空法》和《中华人民共和国民用航空安全保卫条例》以及民航总局有关空防工作的指令和规定，为安检人员的安全检查提供了法律依据。每一位安检人员都要克服盲目性和随意性，强化法律意识，恪守法治精神，严格依法实施安全检查，学会运用法律武器处理问题，依照法律与规章办事。

二是安检人员要自觉遵守党和国家的各项法律、法规和政策规定，自觉学法、用法、守法，严格遵守外事纪律、保密纪律、安检岗位纪律，自觉过好权力关、金钱关、人情关，严禁参与社会上"六害"等不法行为活动，做遵纪守法的模范。

三是在实施检查和执行每次任务的工作过程中，对于每一道工序、每一个环节，安检人员都要做到一丝不苟，全神贯注，严把验证、人身检查、行李物品检查、飞机监护等几道关口，各个关口要层层设防，层层把关，做到万无一失，把隐患消灭在地面上，让每一个航班平安起降。

六　害

"六害"在我国通常被认为是社会丑恶现象，具体是指卖淫嫖娼、制作贩卖传播淫秽物品、拐卖妇女儿童、私种吸食贩运毒品、聚众赌博和利用封建迷信骗财害人。

（四）文明执勤，热情服务

"文明执勤，热情服务"是安检人员职业道德规范的重要内容，也是民航安检职业性质的具体体现，充分反映了"人民航空为人民"的宗旨。安全检查的根本任务就是为人民服务，为旅客安全服务。安检人员应通过文明的执勤方法、优质的服务形式来实现这个任务。要真正做到文明执勤，必须从以下三个方面着手：

一是端正服务态度。安检人员要以满腔热情对待工作，以主动、热情、诚恳周到、宽容耐心的服务态度对待旅客，反对冷漠、麻木、高傲、粗鲁、野蛮的恶劣态度。

二是规范化服务。安检人员在执勤时要仪容整洁，举止端庄，站有站相，坐有坐相，说话和气，树立起"旅客至上"热情服务的行业新风。

三是摆正严格检查与文明服务的辩证统一关系，两者是互相紧密联系的整体。安检人员要用文明执勤姿态、文明执勤举止、文明执勤语言和行为，努力塑造民航安检的文明形象，赢得社会的信赖和支持。

（五）团结友爱，协作配合

"团结友爱，协作配合"是处理职业团体内部人与人之间、协作单位之间关系的职业道德规范，是社会主义职业道德集体主义原则的具体体现，是建立平等、友爱、互助、协作新型人际关系，增强整体合力的重要保证。

对安全检查这一特定的职业来说，只有搞好个人与同事之间的团结协作，加强安检队伍与外部友邻单位的密切联系，促进纵向系统与横向系统的广泛交往，形成紧密联系、互相团结协作的纽带，空防安全才能建设成坚不可摧的钢铁防线。所谓团结协作，并不是无原则的团结，而是真诚的团结。按照社会主义职业道德规范要求，应划清以下几个界限：

一是顾全大局与本位主义的界限。要反对本位主义不良倾向，不能遇事只从本位主义、个体利益出发，而应站在全局利益和整体利益上认识和处理问题，这样才能求得真正的长远的团结。

二是集体主义与小团体主义的界限。表面上看小团体主义也是为了集体，但本质上它与集体主义有着原则性的区别，集体主义是国家、集体、个人三者利益的统一，而小团体主义是不顾三者利益只求单位团伙利益的狭隘利益，甚至会牺牲别人利益而满足自己利益，是本位主义的延伸和发展。

三是互相尊重与互相推诿扯皮的界限。互相尊重是团结的基础，是建立在平等信任的关系之上的，而互相推诿扯皮是典型的个人主义和自由主义的反映，只能分裂团结，造成大家离心离德。

四是团结奋进与嫉贤妒能的界限。团结奋进不仅是优良的精神状态，还是团结的最终目标，通过团结人们会形成强有力的整体从而不断开拓进取。而嫉贤妒能则是涣散斗志、破坏团结的腐蚀剂，要坚决反对这种消极的现象，运用各种方式形成强有力的舆论力量加以制止。全体安检人员要紧密凝聚成坚强的集体，为祖国民航事业的腾飞、为国家繁荣昌盛而贡献力量。

三、安检人员职业道德养成的基本途径

（一）抓好职业理想信念的培养

良好的职业理想信念和职业道德境界是安检人员职业道德养成的思想基础。要坚持用马克思主义道德观和中国特色社会主义理论武装头脑，用科学的理论教育人，用正确的舆论引导人，用高尚的情操陶冶人，要与腐朽的消极的职业道德观划清界限，自觉抵制错误

的职业道德影响，树立正确的职业理想和人生信念，把个人的人生观、价值观、幸福观与民航安检事业统一起来，立志为空防安全而奋斗。

（二）注重职业道德责任的锻炼

所谓职业道德责任，就是从事职业的个人对社会、集体和服务对象所应承担的社会责任和义务。对安检职业忠于职守、尽职尽责与麻木不仁、玩忽职守是两种对立的职业道德责任表现。只有建立职业道德责任制，将遵守安检人员职业道德规范的责任分配到每个岗位的员工身上，并贯彻落实到安检工作的全过程中，才能将职业道德规范逐步变成每个员工的自觉习惯，让高度的职业道德责任扎根在每个员工的心灵中。

（三）加强职业纪律的培养

职业纪律是职业道德养成的必要手段，是保证职业道德成为人们行为规范的有效措施。职业道德靠社会舆论、内心信念、传统习惯来调整人与人、人与社会的关系，而职业纪律靠强制性手段让人们服从，具有一定的强制约束力。建立一套严明的安检职业纪律约束机制，培养令行禁止的职业纪律，是加强安检人员职业道德养成的重要途径。对自觉遵守职业道德成效显著的要大张旗鼓地给予表彰宣扬；对职业道德严重错位失范，情节影响严重的，除进行必要教育引导外，视情节给予纪律处分，充分发挥职业纪律的惩戒教育和强制约束的作用。

（四）强化职业道德行为的修养

职业道德行为的修养就是安检人员在安检实践活动中，按照职业道德基本原则和规范的内容，在个人道德品质方面进行自我锻炼、自我改造，形成高尚的道德品质和崇高的思想境界，将职业道德规范自觉转化为个人内心的要求和坚定的信念，形成良好的行为和习惯。每一位安检人员应自觉以职业道德规范约束自己的言行，尤其是在别人看不到、听不到、自知无人监督的情况下，更应自觉约束言行，成为职业道德的模范。

 **案例** 分享

安检员以委屈求安全受乘机旅客好评

2010 年 4 月 30 日，临沧飞往昆明的 MU5964 航班过程中，临沧机场安检站行检分队在对旅客的托运行李进行 X 射线机检查时，屏幕上显示一名旅客的行李包内有打火机的影像，行检员像往常一样要求该旅客进行开包检查。该名旅客一走近行李检查开包台就对行检员气势汹汹、怒目圆睁地大声呵斥："你们想干什么？你知道我是什么人吗？我的包里有什么？"顿时，引来周围旅客的眼光，行检人员面对旅客的蛮横无理仍面带微笑地解释道："先生，您的包里有一个打火机，按照民航的规定，打火机是不能随身携带或办理托运的。"

行检员的话，不但没有让该旅客有丝毫配合之意，反而让他变本加厉地对行检人员大声呵斥："我走了多少个国家，多少个地方，就没有一个机场像你们这样的。再说了，一个打火机能有什么危害？我从××机场都带过，在你们这儿怎么就不行了？这是什么规定，我看是你们自己的规定吧！"对安全工作高度负责的行检人员忍着委屈，站在维护广大旅客乘机安全的高度，继续耐心地向该旅客再三解释，以良好的道德品质和职业素质，最终让该旅客接受了对打火机的处理意见，现场乘机旅客无不夸赞安检队伍以德服人、有礼有节的服务意识和崇高的职业操守。

第三节 航空安全保卫的法律、法规知识

安全检查部门有行政法规的执行权而无处罚权。这就是安全检查的法律特征。

安全检查部门是保障航空安全的带有服务性质的单位，是一支有专业技术的职工队伍，执行国家法律以及国务院、民航总局、公安部为保证航空安全发布的有关行政法规和规章。所以说，安全检查带有行政执法的性质。但安全检查部门属于企业的一个机构，不属于行政机关。因此，它不具有行政处罚权，即不具有拘留、罚款、没收的权力。安全检查法规是民航安检部门实施技术检查的法律依据，是安检人员依法行使检查权利，保障民用航空安全的重要手段。

一、安检法规的概念

安检法规是指国家立法机关和国家行政机关依据宪法、法律和国家政策制定的，实施民用航空安全检查的法律、条例、规章、规定、办法、规则等规范性文件的总称。

二、安检法规的特点和作用

（一）安检法规的特点

安全检查工作以中外旅客及其行李物品为主要对象，以防止劫、炸机为主要目的，以公开的安全检查为主要手段，是民航事业中确保飞机和旅客生命财产安全的必要措施，是一项非常重要的工作。安全检查工作要求在较短时间内完成所有乘机旅客及其行李物品等的安全检查，而且要确保安全，一旦出现失误，发生劫持飞机事件，后果严重，损失巨大，还将在国际国内造成极坏的政治影响。因此，安全检查工作具有责任性强、政策性强、时间性强、专业性强及风险性大等特点。

安检法规是实施安全检查的法律依据，因此它具有规范性、强制性、专业性和国际性等特点。

（1）规范性。规范是指标准。安检工作是一项政策性很强的工作，处理问题需要有法律依据，不能随心所欲，更不能感情用事。安检法规的制定，使安检工作有法可依，有章可循。

（2）强制性。安检法规是国家机关制定，以国家权力为基础，凭借国家机关的强制力来保证实施的行为规则，对所有乘机旅客都有法律效力和约束力。安检法规的强制性表现在两个方面：一方面是规范的强制性，另一方面是执行的强制性。对违反安检法规的行为要根据情节追究法律责任。

（3）专业性。安检法规属于业务工作规则性质，它规定了安检专业工作的工作范围、方针原则、处罚处置的管理措施等，具有较强的专业性。

（4）国际性。安检法规的国际性表现在它是根据国际公约及与航空安全有关的其他公约，结合国际形势，按国际标准和建议而制定的。它的效力适用于在我国的任何机场乘坐民航班机的中、外籍旅客。

（二）安检法规的作用

安检法规是民航安检部门实施安全检查的法律依据，是安检人员依法行使检查权利，保护乘机旅客合法权益，保障民用航空安全的重要武器。安检法规的作用主要表现在以下方面：

1. 法律规范作用

所谓法律规范，即国家机关制定或认可，由国家强制力保证实施的一般行为规则。法律规范是人们共同遵守的行为准则，它规定人们在一定条件下，可以做什么，禁止做什么，从而为人们提供一个标准和尺度。安检法规就是从安全检查方面，为安检员和乘机旅客提供一个标准和尺度，从而保证空防安全和民航运输事业的发展。

安检法律规范作用包括以下方面：

一是指引作用。它使人们清楚地懂得应该做什么、应该如何做，以及不该做什么。

二是评价作用。法规具有判断、衡量他人行为是否合法的作用，使人们明确什么行为是合法的，什么行为是违法的。

三是教育作用。它对人今后的行为产生影响。

2. 业务指导作用

任何工作都必须由一定的理论和规范指导，否则就会偏离方向，造成失误。安检工作是民航安全工作的重要组成部分，它具有较强的业务性、政策性。因此在安检过程中，要不断教育安检人员，加强对安检法规的学习，把法规作为安检工作的行为准则。只有用法规去开展工作，依法进行严格检查，依法处理工作中的问题，才能促进安全检查的规章建设。

3. 惩罚约束作用

安检法规的惩罚约束作用体现在：一方面，安检法规对乘机旅客具有约束力，不管乘机旅客愿意不愿意，都必须接受安全检查，明令禁止旅客携带危险物品和违禁物品，违者将按照《中华人民共和国民用航空安全保卫条例》受到拒绝登机、没收违禁物品等相应处罚；另一方面，安检人员在依法行使安全检查权力时，明确规定了安全检查的范围。在检查过程中查出违禁物品时，应根据有关规定分别处理。

三、航空安全保卫的相关法规

（一）有关航空安全保卫的国际公约

为阻止威胁、破坏国际民用航空安全与运行以及非法劫持航空器的行为的发生，国际上先后制定了《国际民用航空公约》《东京公约》《海牙公约》《蒙特利尔公约》及《蒙特利尔公约》的补充协定书，这些公约作为直接解决航空保安问题的国际文件已经被各国采纳并接受。1991年在蒙特利尔召开的外交会议上通过了《关于注标塑性炸药以便探测的公约》。

1.《国际民用航空公约》附件17

《国际民用航空公约》附件17即《防止对国际民航进行非法干扰行为的安全保卫》（以下简称附件17），于1974年3月通过并生效。该附件为国际民航组织民用航空保安方案以及为寻求防止对民用航空及其设施进行非法干扰行为奠定了基础。

附件17规定：在防止对国际民用航空非法干扰行为的一切有关事务中，旅客、机组、地面人员和一般公众的安全是每个缔约国的首要目的。

1970年6月16日至30日，国际民航组织针对1969年和1970年劫机数量的急剧上升，在蒙特利尔召开第17届特别大会，决定采取相关措施确保国际民用航空的安全，并拟定有关标准和建议措施。1972年12月，国际民航组织制定了第一版安保标准和建议措施的文件草案，并发送各国征求意见。1974年3月22日，国际民航组织理事会通过了《国际民用航空公约》附件17——《保安-保护国际民用航空免遭非法干扰行为》（以下简称《保安》）。

截至2014年3月，国际民航组织根据全球航空体系的发展趋势，为应对时刻变化的条件和正在出现的威胁，对附件17进行了14次修改。附件17的第14次修订于2014年2月26日在国际民航组织理事会第201届会议审议通过，并于2014年11月14日开始适用。

2014年3月17日，国际民航组织第25次航空安保专家组会议在蒙特利尔召开。会议批准了俄罗斯为纪念《国际民用航空公约》附件17——《保安》制定40周年而提交的关于建立综合可持续全球航空安保体系开展合作的工作文件。该文件要求理事会号召各国加快国内立法进程，保持与附件17的标准和建议措施一致；相互认可根据附件17标准和建议措施制定的安保措施，避免在安保措施、检查和审计方面的不必要重复；鼓励相互交流相关信息、最佳做法和专门技能，促进和完善附件17的标准和建议措施，在全球有效保护民用航空免遭非法干扰行为；力争取得安保措施和简化手续措施之间的最优化平衡。

附件 17 提出的建议和措施，对我国机场、航空公司的保安工作和安全检查有着重要的指导意义。各机场当局和航空公司应根据其标准和建议及我国政府有关航空安全的法规、指令、规章，制定适合本机场和公司的航空安全保卫规划。

2.《东京公约》

《东京公约》即《关于在航空器上犯罪和某些其他行为的公约》。1947 年至 1957 年国际上发生劫机事件 23 起。进入 20 世纪 60 年代后，劫机次数逐渐增加，1960 年，仅发生在古巴和美国之间的劫机事件就有 23 起。同时，在飞机上犯罪的其他案件也不断出现。鉴于这种情况，国际民航组织于 1963 年 9 月在东京召开国际航空法会议，有 60 个国家参加签订了《东京公约》，该公约规定航空器登记国有权对在机上的犯罪和犯罪行为行使管辖权。其主要目的是确立机长对航空器内犯罪的管辖权。我国于 1978 年 11 月 14 日交存加入书，1979 年 2 月 12 日该公约在我国生效。

知识 扩展

民用航空器标志

民用航空器标志即常说的飞机号、机尾号、注册号，它是飞机的一个重要识别标志，在世界范围内绝无重号。没有这个编号的民用航空器不允许作任何飞行，即使是刚出厂的新飞机，作试飞或是交接给客户的转场飞行等。民用航空器标志是有严格规定的，如何编排，如何在航空器上绘制等，并不是哪一家航空公司或是哪一个国家能随意制定、更改的。民用航空器标志分两部分：国籍标志（即识别航空器国籍的标志）和登记标志（即航空器登记国在航空器登记后给定的标志）。

我国民航局规定：民用航空器不得具有双重国籍；未注销在中华人民共和国登记的民用航空器，在外国所作的登记，中华人民共和国不予承认；在外国登记的民用航空器只有在证实注销了在外国的登记后，才能在中华人民共和国登记。

1)《东京公约》关于对机长处置权限的规定

《东京公约》规定了机长有权对在航空器上的犯罪者采取措施，包括必要的强制性措施；机长有命令犯罪者在任何降落地下机的权利；对航空器上发生的严重犯罪，机长有将案犯送交降落地国合法当局的权利。

2)《东京公约》的主要内容

（1）规定了航空器登记国有权管辖飞机上的犯罪行为，也规定了非登记国有权阻止飞机的几种情况。

（2）规定了机长有权对犯罪者采取措施，包括强制性措施。并规定了在为保护飞机上生命财产安全的情况下，机长有权命令犯罪者在飞机降落地离开飞机，或将犯罪者交给当地合法当局。

（3）规定了接受犯罪者的国家当局可以根据案情，将犯罪者留在国境内以便进行审讯或引渡，并通知各有关国家。

（4）规定了各国应采取一切措施，使被劫飞机恢复由其合法机长控制，被劫持的飞机降落地的国家应允许旅客和机组尽快继续飞行。

3.《海牙公约》

《海牙公约》即《关于制止非法劫持航空器的公约》。该公约于 1971 年 10 月 4 日生效。

《东京公约》签订后，劫机事件仍旧接连发生，20 世纪 60 年代后期，多种原因使劫机事件呈直线上升趋势。从而引起了国际社会的高度重视和普遍关切。在此情况下，国际民航组织于 1970 年 12 月在荷兰海牙召开国际航空法外交会议，讨论有关飞机劫持问题，有 76 个国家参加，签订了《海牙公约》。该公约规定了各缔约国有权对犯罪行为者实施管辖、拘留、起诉或引渡罪犯等。

1)《海牙公约》关于对劫机犯罪行为的界定

《海牙公约》认为用武力、武力威胁、精神胁迫等方式，非法劫持或控制航空器（包括未遂），即构成刑事犯罪。

2)《海牙公约》的主要内容

（1）规定了要严厉惩罚飞机劫持者。

（2）规定了缔约国对劫机行为的管辖范围。

（3）规定了缔约国有义务将劫机情况通知有关国家，并将处理情况报告国际民航组织。

4.《蒙特利尔公约》

《蒙特利尔公约》即《关于制止危害民用航空安全的非法行为的公约》。该公约于 1973 年 1 月 26 日生效。在《东京公约》和《海牙公约》签订后，国际上劫机案件仍然层出不穷，而且破坏民航飞机和民航设施的情况继续不断发生，出现了炸毁飞机、破坏民航设施和用电话恐吓等影响民航飞机正常飞行的方式。因此，1971 年 9 月国际民航组织在加拿大蒙特利尔召开了国际航空法外交会议，签订了《蒙特利尔公约》。该公约主要涉及非法劫持航空器以外的行为。

1)《蒙特利尔公约》的主要内容

缔约各国对袭击民航飞机、乘客及机组人员、爆炸民航飞机或民航设施等危及飞行安全的人，要给予严厉的惩罚，其规定基本与《海牙公约》相似。

2)关于对危害航空安全犯罪的界定

凡非法故意实施下列行为之一者，均为犯罪：

（1）对飞行中的航空器上的人实施暴力行为，具有危害该航空器安全的性质。

（2）毁坏使用中的航空器，或者致使航空器损坏，使其无法飞行或危害其飞行安全。

（3）在使用中的航空器上放置或使别人放置某种装置或物质，该装置或物质足以毁灭该航空器或者对航空器造成毁坏使其无法飞行，或足以危害其飞行安全。

（4）毁坏或损坏航行设施或扰乱其工作，有危害飞行中的航空器安全的性质。

（5）传送明知虚假的情报，由此危害飞行中航空器的安全。

（6）上述各行为的未遂犯及共犯（包括未遂共犯）。

5.《蒙特利尔公约》的补充协定书

1988 年在蒙特利尔召开的外交会议通过了《蒙特利尔公约》的补充协定书。它扩大了 1971 年《蒙特利尔公约》对"犯罪"的定义，包括了在国际民用航空机场发生的一些具体的爆炸行为。

6.《关于注标塑性炸药以便探测的公约》

1991 年在蒙特利尔召开的外交会议上通过了《关于注标塑性炸药以便探测的公约》，其目的在于通过注标塑性炸药以确保责任方能够探测出塑性炸药，从而防止与塑性炸药有关的非法行为。各机构应采取必要的和有效的措施，禁止和阻止在其领土上制造未注标的塑性炸药，且应禁止和阻止未注标的塑性炸药流入或流出其领土。

注意：许多国际民航公约的签订时间和生效时间不一致，一般生效时间晚于签订时间。

 **知识** 扩展

塑 性 炸 药

塑性炸药的外观像腻子或生面团，具有塑性，以及较好的稠度和黏性，在外力作用下易发生不可逆的形变，易于相互黏结成团或捏成所需的形状。它具有较高的密度，工艺性能良好，其塑性和爆炸性易于通过组分进行调节；具有相当大的爆炸威力；还具有优良的抗水性能，可在潮湿地带或水下使用。塑性炸药便于携带和伪装，可装填复杂弹形和不规则的炮眼。"注标"是指按照国际民用航空组织《关于注标塑性炸药以便探测的公约》的技术附件给炸药添加探测元素。

（二）《中华人民共和国民用航空法》的相关内容

《中华人民共和国民用航空法》（以下简称《民用航空法》）当前版本于 2015 年 4 月 24 日第十二届全国人民代表大会常务委员会第十四次会议上修正。

1.《民用航空法》关于安全检查的规定

关于公共航空运输企业以及旅客的规定如下：

第100条　公共航空运输企业不得运输法律、行政法规规定的禁运物品。

公共航空运输企业未经国务院民用航空主管部门批准，不得运输作战军火、作战物资。

禁止旅客随身携带法律、行政法规规定的禁运物品乘坐民用航空器。

第101条　公共航空运输企业运输危险品，应当遵守国家有关规定。

禁止以非危险品品名托运危险品。

禁止旅客随身携带危险品乘坐民用航空器。除因执行公务并按照国家规定经过批准外，禁止旅客携带枪支、管制刀具乘坐民用航空器。禁止违反国务院民用航空主管部门的规定将危险品作为行李托运。

危险品品名由国务院民用航空主管部门规定并公布。

第102条　公共航空运输企业不得运输拒绝接受安全检查的旅客，不得违反国家规定运输未经安全检查的行李。

公共航空运输企业必须按照国务院民用航空主管部门的规定，对承运的货物进行安全检查或者采取其他保证安全的措施。

第103条　公共航空运输企业从事国际航空运输的民用航空器及其所载人员、行李、货物应当接受边防、海关、检疫等主管部门的检查；但是，检查时应当避免不必要的延误。

2.《民用航空法》关于对隐匿携带枪支、弹药、管制刀具乘坐航空器的处罚规定

第193条　违反本法规定，隐匿携带炸药、雷管或者其他危险品乘坐民用航空器，或者以非危险品品名托运危险品，比照刑法有关规定追究刑事责任。

隐匿携带枪支子弹、管制刀具乘坐民用航空器的，比照刑法有关规定追究刑事责任。

附：《中华人民共和国刑法》与民用航空安全保卫有关的条款。

第116条　破坏火车、汽车、电车、船只、航空器，足以使火车、汽车、电车、船只、航空器发生倾覆、毁坏危险，尚未造成严重后果的，处三年以上十年以下有期徒刑。

第117条　破坏轨道、桥梁、隧道、公路、机场、航道、灯塔、标志或者进行其他破坏活动，足以使火车、汽车、电车、船只、航空器发生倾覆、毁坏危险，尚未造成严重后果的，处三年以上十年以下有期徒刑。

第121条　以暴力、胁迫或者其他方法劫持航空器的，处十年以上有期徒刑或者无期徒刑；致人重伤、死亡或者使航空器遭受严重破坏的，处死刑。

第123条　对飞行中的航空器上的人员使用暴力，危及飞行安全，尚未造成严重后果的，处五年以下有期徒刑或者拘役；造成严重后果的，处五年以上有期徒刑。

第125条　非法制造、买卖、运输、邮寄、储存枪支、弹药、爆炸物的，处三年以上十年以下有期徒刑；情节严重的，处十年以上有期徒刑、无期徒刑或者死刑。

第130条　非法携带枪支、弹药、管制刀具或者爆炸性、易燃性、放射性、毒害性、腐蚀性物品，进入公共场所或者公共交通工具，危及公共安全，情节严重的，处三年以下有期徒刑、拘役或者管制。

第四节　与航空安全相关的犯罪

一、劫持航空器罪

劫持航空器罪指以暴力、胁迫或者其他方法劫持航空器，危害民用航空安全的行为。劫持航空器罪的主要特征是：犯罪主体为一般主体，既可以是机组人员，也可以是乘客。主观方面是直接故意的，即明知劫持航空器的行为会引起危害民用航空安全的严重后果，仍恣意施行；客观方面表现为以暴力、胁迫或其他方法劫持航空器。"劫持"是指犯罪人按自己的意志非法控制航空器的行为。所谓劫持航空器，就是指用上述方法强行控制该航空器意图迫使其改变预定航向，飞经行为人指定的地方。本罪是行为犯，只要实施了劫持行为，无论是否达到行为人预期目的，都是本罪既遂。根据《中华人民共和国刑法》和《中华人民共和国民用航空法》的规定，并依照《关于惩治劫持航空器犯罪分子的决定》，以暴力、胁迫或者其他方法劫持航空器的，应处以10年以上有期徒刑或者无期徒刑；致人重伤、死亡或者航空器遭受破坏或者情节特别严重的，处死刑；情节较轻的处5年以上10年以下有期徒刑。

二、使用暴力危害飞行安全罪

使用暴力危害飞行安全罪指对飞行中的民用航空器上的人员使用暴力，危及飞行安全的行为。其主要特征如下：

第一，主观方面是故意的。

第二，客观方面是对飞行中的民用航空器上的人使用暴力，危害公共安全。

第三，犯罪主体为一般主体。

第四，犯罪者只要危及飞行安全，不论后果如何，即构成本罪。

根据《中华人民共和国刑法》和《中华人民共和国民用航空法》的规定，对飞行中的航空器上的人员使用暴力，危及飞行安全，尚未造成严重后果的，处5年以上10年以下有期徒刑或者拘役；造成严重后果的，处10年以上有期徒刑、无期徒刑或者死刑。

三、传递虚假情报扰乱正常飞行秩序罪

传递虚假情报扰乱正常飞行秩序罪指故意传递虚假情报，扰乱正常飞行秩序，使公私财产遭受重大损失造成严重政治影响的行为。其主要特征是：

第一，客观方面是传递虚假情报，扰乱了正常飞行秩序，使公私财产遭受了重大损失。

第二，主观方面是故意的。

根据《中华人民共和国刑法》和《中华人民共和国民用航空法》的有关规定，应处以 5 年以下有期徒刑、拘役、管制或者剥夺政治权利。

四、破坏航行设施罪

破坏航行设施罪指盗窃或者故意损毁、移动航行设施，危及飞行安全，足以使民用航空器发生坠落、毁坏危险的行为。其主要特征是：

第一，主观方面只能是故意，过失损毁或移动航行设施不构成本罪。

第二，客观方面危及飞行安全，足以使航空器发生危险，不管是否形成严重后果，只要危及飞行安全，足以造成上述可能的危险，即构成本罪。

根据《中华人民共和国民用航空法》的规定，对尚未造成严重后果的处 3 年以上 10 年以下有期徒刑；对造成严重后果的处 10 年以上有期徒刑、无期徒刑或者死刑。

五、毁坏航空器罪

毁坏航空器罪指故意在使用中的民用航空器上放置或唆使他人放置危险品，足以毁坏该民用航空器，危及飞行安全的行为。其主要特征是：

第一，犯罪主体是一般主体。

第二，客观方面是在使用中的民用航空器上放置危险品。

第三，主观方面是直接故意。

对犯罪尚未造成严重后果的，判处 3 年以上 10 年以下有期徒刑，对造成严重后果的处 10 年以上有期徒刑、无期徒刑或者死刑。

六、聚众扰乱民用机场秩序罪

聚众扰乱民用机场秩序罪指纠集多人扰乱民用机场正常秩序，致使机场无法正常运营的行为。其主要特征是：

第一，聚众闹事，即在首要分子的组织、煽动和指挥下，纠集多人进行扰乱活动；客观方面是扰乱了机场的正常秩序，使运营活动无法继续进行。

第二，主观方面只能是出于故意。聚众扰乱民用机场秩序罪的情况比较复杂，手段也多种多样，包括在机场候机楼大肆喧嚣哄闹。

第三，捣毁公共设施。

第四，不服管理强行登机或阻止别人登机。

第五，围攻、谩骂，甚至侮辱、殴打有关负责人和工作人员等。

但只当情节严重时才构成本罪，在处理时，应仅限于对首要分子追究刑事责任，可以处以 5 年以下有期徒刑、拘役、管制或者剥夺政治权利，对于一般参与者则应按《治安管理处罚条例》处理。

七、非法携带或运输违禁物品罪

非法携带或运输违禁物品罪是指旅客非法携带违禁物品乘坐航空器或旅客、企事业单位以非危险品名义托运危险品的行为。这一罪行包括以下三种情况：

第一，隐匿携带炸药、雷管或者其他危险品乘坐民用航空器。

第二，以非危险品品名托运危险品。

第三，隐匿携带枪支子弹、管制刀具乘坐民航飞机。

非法携带或运输违禁物品罪的主要特征是：

第一，主观方面是故意的。

第二，客观方面违反了《中华人民共和国民用航空法》的规定。通常"旅客"是指机组人员以外的任何乘坐民用航空器的人。根据《中华人民共和国民用航空法》的规定，对非法携带或运输违禁物品的，不论是否造成严重后果，都要依法追究当事人刑事责任。企事业单位犯罪的，对直接负责的主管人员和其他直接责任人员追究刑事责任。对尚未造成严重后果的，处两年以下有期徒刑或者拘役；造成严重后果的，处10年以上有期徒刑、无期徒刑或者死刑。企事业单位犯本罪的，对直接负责的主管人员和其他直接责任人员同样追究刑事责任。

八、违反危险品航空运输管理规定重大事故罪

违反危险品航空运输管理规定重大事故罪指公共航空运输企业违反规定运输危险品，导致发生重大事故的行为。其主要特征是：

第一，犯罪主体为特殊主体，专指公共航空运输企业（企业法人）。

第二，客观方面违反了《中华人民共和国民用航空法》第101条的规定，非法运输危险品，并导致了重大事故的发生。

第三，主观方面表现为过失。

根据《中华人民共和国民用航空法》的规定，应对造成严重后果的直接负责的主管人员和其他直接责任人员处3年以下有期徒刑或者拘役；后果特别严重的处3年以上7年以下有期徒刑。

九、航空人员重大飞行事故罪

航空人员重大飞行事故罪指航空人员玩忽职守，或者违反规章制度，导致发生重大飞行事故的行为。其主要特征是：

第一，犯罪主体是特殊主体，专指航空人员。

第二，侵犯的客体是民用航空器飞行安全。

第三，客观上导致发生重大飞行事故，造成飞行器损毁，人员伤亡，后果严重。

第四，主观上表现为过失，即行为人对自己的行为导致严重后果是由于疏忽，或过于自信。

根据《中华人民共和国民用航空法》第199条的规定，应依照刑法有关规定追究刑事责任。

十、其他手段的非法干扰行为

本节所说的其他手段是指用匿名电话、匿名信、电子邮件以及故意传递虚假情报、口头威胁等方式对机场、航空公司进行威胁恐吓，声称或暗示机场、飞机上、航空设施或人员等处在爆炸物的危险之中，有的是声称、暗示某飞机处于被劫持等非法干扰行为之中。还有一些非法干扰则是指未经有关部门许可，使用某些频段进行通信，对在空中正常飞行的飞机识别指挥信号、机场交通信号，以及对其发出的紧急信号、遇险信号等形成的干扰。这种情况在我国已经发生过很多起，严重地影响了飞机的安全。以上行为视其情节轻重予以追究法律责任。

思考与练习

1. 民航安检的主要任务有哪些？

2. 安全检查部门的权限有哪些？

3. 安检人员应如何养成良好的职业道德？

4. 《东京公约》《海牙公约》《蒙特利尔公约》及其补充协定书的内容主要有哪些？

5. 与航空安全相关的犯罪主要有哪些？

第二章　机场运行保障知识和安检各岗位职责

学习目标

通过本章的学习，了解机场的分类和机场区域划分；重点掌握安检各岗位的工作职责，对民航安检工作有全面的了解；能够完成隔离区的监控和清场。

第一节　机场区域的划分

一、机场分类及构成

机场一般分为军用、民用、军民合用三种，用于商业性航空运输的机场也称为航空港（Airport）。我国把大型民用机场称为空港，小型机场称为航站。

（一）按机场规模和旅客流量可将机场分为三种类型

（1）枢纽机场：指在国家航空运输中占据核心地位的机场。无论是旅客的接送人数，还是货物的吞吐量，在整个国家航空运输中枢纽机场都占有举足轻重的地位。拥有枢纽机场的城市在国家经济社会中往往居于特别重要的地位，是国家政治或经济的中心。

（2）干线机场：其所在城市是省会（自治区首府、直辖市），重要开放城市，旅游城市或其他经济较为发达、人口密集的城市，旅客的接送人数和货物的吞吐量相对较大。

（3）支线机场：除上面两种类型以外的民航运输机场。虽然支线机场的运输量不大，但它们对沟通全国航路或对某个地区的经济发展起着重要作用。

（二）机场的构成

机场作为商业运输的基地可以划分为飞行区、候机楼区和地面运输区三个部分。飞行区是飞机活动的区域；候机楼区是旅客登机的区域，是飞行区和地面运输区的接合部位；地面运输区是车辆和旅客活动的区域。

1. 飞行区

飞行区分空中部分和地面部分。空中部分指机场的空域，包括进场和离场的航路；地面部分包括跑道、滑行道、停机坪和登机门，以及一些为维修和空中交通管制服务的设施和场地，如机库、塔台、救援中心等。

2. 候机楼区

候机楼区包括候机楼建筑本身以及候机楼外的登机机坪和旅客出入车道，它是地面交通和空中交通的接合部位，是机场对旅客服务的中心地区。

1）登机机坪

登机机坪是指旅客从候机楼上机时飞机停放的机坪，这个机坪要求能使旅客尽量减少步行上机的距离。按照旅客流量的不同，登机机坪的布局可以有多种形式，如单线式、指廊式、卫星厅式等。旅客登机可以采取从登机桥登机，也可以采用车辆运送登机。

2）候机楼

候机楼分为旅客服务区和管理服务区两大部分。旅客服务区包括值机柜台、安检、海关以及检疫通道、登机前的候机厅、迎送旅客活动大厅以及公共服务设施等。管理服务区则包括机场行政后勤管理部门、政府机构办公区域以及航空公司运营区域等。

3. 地面运输区

机场是城市的交通中心之一，而且有严格的时间要求，因而从城市进出空港的通道是城市规划的一个重要部分，大型城市为了保证机场交通的通畅都修建了从市区到机场的专用高速公路，甚至还开通地铁和轻轨交通，方便旅客出行。在考虑航空货运时，要把机场到火车站和港口的路线同时考虑在内。此外，机场还须建有大面积的停车场以及相应的内部通道。

二、机场控制区范围的划定

机场控制区是根据安全保卫的需要，在机场内划定的进出受到限制的区域。机场控制区应当有严密的安全保卫措施，实行封闭式分区管理。

机场控制区一般包括候机隔离区、行李分检装卸区、航空器活动区和维修、货物存放区等区域，并分别设置安全防护设施和明显标志。

候机隔离区是根据安全需要在候机楼（室）内划定的供已经安全检查的出港旅客等待登机的区域及登机通道、摆渡车。

航空器活动区是机场内用于航空器起飞、着陆以及与此有关的地面活动区域，包括跑道、滑行道、联络道、客机坪。

第二节　安检各岗位的工作职责

每个安检小组都由不同的岗位成员组成，各岗位之间必须分工明确，密切配合，相互协作,这样才能更好地完成本职工作,保证国家和人民生命财产的安全。

一、基础岗位的职责

基础岗位包括待检区维序检查岗位、前传检查岗位。其职责是:

(1)维持待检区秩序并通知旅客准备好身份证件、客票和登机牌。

(2)开展调查研究工作。

(3)在安全检查仪传送带上正确摆放受检行李物品。

二、验证检查员的职责

(1)负责对乘机旅客的有效身份证件、客票、登机牌进行核查,识别涂改、伪造、冒名顶替以及其他无效证件。

(2)开展调查研究工作。

(3)协助执法部门查控在控人员。

三、人身检查岗位的职责

人身检查岗位包括引导和安全门检查两个具体岗位。其职责是:

(1)引导旅客有秩序地通过安全门。

(2)检查旅客自行放入盘中的物品。

(3)对旅客人身进行仪器或手工检查。

(4)准确识别并根据有关规定正确处理违禁物品。

四、X射线检查仪操作员的职责

(1)按操作规程正确使用X射线检查仪。

(2)观察辨别监视器上受检行李(货物、邮件)图像中的物品形状、种类,发现、辨认违禁物品或可疑图像。

(3)将需要开箱(包)检查的行李(货物、邮件)及重点检查部位准确无误地通知开箱(包)检查员。

五、开箱(包)检查员的职责

(1)对旅客行李(货物、邮件)实施开箱(包)手工检查。

(2)准确辨认和按照有关规定正确处理违禁物品。

(3)开具暂存或移交物品单据。

六、仪器维修岗位的职责

（1）负责各种安全检查仪器的安装、调试工作。

（2）负责安全检查仪器的定期维护保养。

（3）负责安全检查仪器故障的修理，保证安检仪器正常运行。

七、现场值班领导岗位的职责

（1）负责向当班安检人员传达上级有关指示和通知。

（2）提出本班要求和注意事项。

（3）组织协调安检现场勤务。

（4）督促检查各岗位责任制的落实情况。

（5）按规定处理安检现场发生的问题。

（6）本班工作结束后进行讲评。

第三节　飞机监护工作知识

一、飞机监护

（一）飞机监护的含义

飞机监护是指安检部门对执行飞行任务的民用航空器在客机坪短暂停留期间进行监护。

（二）监护岗位的职责

（1）对航空器和经过安全检查的旅客及手提行李进行监护。

（2）对候机楼、隔离区和其他监护区实施清场。

（3）防止无关人员、车辆进入监护区或登机。

（4）防止未经安全检查的物品被带入监护区或航空器。

（5）防止发生劫机分子强行登机或地面炸机等破坏活动。

（三）民用航空器监护的内容

（1）执行航班飞行任务的民用航空器在客机坪短暂停留期间，由安检部门负责监护。

（2）民用航空器监护人员应当根据航班动态，按时进入监护岗位，做好对民用航空器监护的准备工作。民用航空器监护人员应当坚守岗位，严格检查登机工作人员的通行证件，密切注视周围动态，防止无关人员和车辆进入监护区。在旅客登机时，协助维持秩序，防止未经过安全检查的人员或物品进入航空器。

（3）空勤人员登机时，民用航空器监护人员应当查验其《中国民航空勤登机证》。加入机组执行任务的非空勤人员，应当持有《中国民航公务乘机通行证》和本人工作证（或学员证）。对上述人员携带的物品，应当查验是否经过安全检查；未经过安全检查的，不得带上民用航空器。

（4）在出、过港民用航空器关闭舱门准备滑行时，监护人员应当退至安全线以外，记载飞机号和起飞时间后，方可撤离现场。

（5）民用航空器监护人员接受和移交航空器监护任务时，应当与机务人员办理交接手续，填写记录，双方签字。

（6）民用航空器客、货舱装载前的清舱工作由航空器经营人负责。必要时，经机场公安机关或安检部门批准，可以由公安民警、安检人员进行清舱。

（四）飞机监护的任务

（1）担负对民用航空器监护区的清查监护，对出、过港民用航空器，经过安全检查的旅客及其手提行李实施监护。

（2）严禁无证无关人员及车辆进入监护区域或无证、无关人员混入旅客行列登上航空器。

（3）防止武器、凶器、弹药、易燃、易爆、毒害品、放射性物品以及其他危害航空器、旅客安全的违禁物品带入监护区或带上航空器。

（4）注意发现可疑人员，防止劫、炸机分子强行登机，进行破坏活动。

（五）飞机监护区的范围

飞机监护区的范围是以飞机为中心，周围三十米区域。

（六）飞机监护的时间规定

（1）对出港航空器的监护为从机务人员移交监护人员时起，至旅客登机后航空器滑行时止；对进港航空器的监护从其到达客机坪时开始，至旅客下机完毕机务人员开始工作为止；对执行国际、地区及特殊管理的国内航线飞行任务的进港航空器的监护，从其到达机坪时开始至旅客下机完毕机务人员开始工作为止。

（2）对当日首班出港航空器，监护人员应在起飞时间前九十分钟与机务人员办理交接手续。

（3）对执行航班任务延误超过九十分钟的航空器由安检部门交由机务人员管理，至确定起飞时间前六十分钟由机务人员移交安检部门实施监护。

二、飞机监护的程序方法、重点航班、重点航班

（一）飞机监护的程序方法

1. 准备

（1）了解当天航班动态，通过离港系统向外场、调度等单位及时了解变化情况，注意班次的增减、飞机的更改和起飞时间的变动。

（2）派班员根据航班动态和本中队人员情况，将各个监护小组逐个安排勤务任务，明确指定航班和飞机。

（3）监护小组人员领取对讲机和登记本等用品，整理好着装，做好上岗准备工作。

2. 实施

监护小组在当天首次出港飞机起飞前九十分钟进入监护位置（进港航班从航空器到客机坪时开始执行）。

（1）到达监护位置后，对货舱和机舱等部位进行清查，无误后与机务人员办理交接手续，然后回到机下梯口或廊桥口开始监护。

（2）旅客登机前，对机组人员和地面登机人员的证件和携带行李进行检查（航行包除外）。

（3）对进出港飞机货舱进行监装、监卸和监管。

（4）旅客登机时，站立梯口或廊桥口一侧，观察上客情况，禁止无关人员（包括地面工作人员）上飞机。

（5）旅客登机完毕，舷梯撤离后，退出原监护位置至安全线以外。

（6）飞机起飞时，记载机号和起飞时间，监护人员撤离。

（7）结束飞行任务的飞机返回后，监护人员待旅客全部下机，与机务人员办理交接手续后方可撤离。

3. 结束

（1）当次航班监护任务完成后，监护人员应及时返回中队所在地，汇报监护情况，稍作休整准备下一次的监护工作。

（2）当天航班结束后，监护中队值班领导及内勤清点所有装备，记录当天工作情况（重点情况随时记载），方可下班。

（二）飞机监护的重点部位

飞机监护的重点部位为舷梯口、廊桥口、货舱、起落架舱。

（三）飞机监护的重点航班

（1）我国领导人、外国领导人或代表团及其他重要客人乘坐的班机。

（2）发现有重大可疑情况的飞机。

（3）上级通知重点监护的飞机。

三、飞机清舱的程序和重点部位

（一）飞机清舱的程序方法

（1）清查前，由监护小组组长布置任务，明确分工。

（2）清查时，应先对飞机外部进行观察和检查，对客舱的清查可从机头、机尾同时进行，至中部会合；也可以按从机头到机尾或从机尾到机头的顺序进行。对内部各部位的清查可按先低后高的顺序进行。

（3）清查结束，进入监护位置，直至飞机起飞。

（二）飞机清舱的重点部位

（1）卫生间。

（2）乘务员操作间的每个储存柜、配餐间、垃圾箱。

（3）旅客座位坐垫下和每个客舱的最后一排座椅背后。

（4）行李架、货舱。

（5）起落架舱。

第四节　隔离区监控

一、隔离区监控的任务

隔离区监控的任务是对隔离区进行管理、清理和检查，禁止未经检查的人与已检人员接触和随意进出，防止外界人员向内传递物品，防止藏匿不法分子和危险物品，保证旅客和隔离区的绝对安全。

二、监控的程序

（1）上岗前，由分队长（或班长）分配岗位，布置任务。

（2）上岗后，监护人员分别对隔离区各部位进行严密清场。

（3）清场完毕，按分工把守登机口、通道并在隔离区内巡视。

三、登机通道口的监控

（1）对通过登机通道口的人员进行严格的证件检查，禁止证件不符的人员进入隔离区；防止乘机旅客过早进入客机坪和错上飞机。

（2）工作人员携带行李物品从登机通道进入隔离区时，必须经过安全检查。对未经检查的体积小、数量少、通过手检可排除疑点的，监护人员可检查放行；对不便通过手检的行李物品不予放行，必须经过安检仪器检查。

（3）旅客登机时，监护人员站在登机门或登机通道旁，维护登机旅客秩序。防止旅客在登机行进期间与外界人员接触或传递有碍航空安全的危险品，要检查旅客登机牌是否加盖验讫章，防止送行、无证等人员随旅客行列进入客机坪，接近或登上飞机。

（4）免检旅客、保密人员因故需从登机口进入隔离区或直接登机的，按通知要求核实后放行；对无法正常经过安全检查（事先联系）的伤、残、重病人需要从登机口直接登机的，由安检人员对其实施安全检查后放行。

（5）当天航班结束后，要查看清理隔离区现场，防止遗留旅客和可疑人员及危险品，将所有通道锁闭。

四、候机楼隔离区安全监控

（1）经过安全检查的旅客进入候机隔离区以前，安检部门应当对候机隔离区进行清场。

（2）安检部门应当派员在候机隔离区内巡视，对重点部位加强监控。

（3）经过安全检查的旅客应当在候机隔离区内等待登机。如遇航班延误或其他特殊原因离开候机隔离区的，再次进入时应当重新经过安全检查。

（4）因工作需要进入候机隔离区的人员，必须佩带机场公安机关制发的候机隔离区通行证件。上述人员及其携带的物品，应当经过安全检查。安检部门应当在候机隔离区工作人员通道口派专人看守，检查进出人员。

（5）候机隔离区内的商店不得出售可能危害航空安全的商品。商店运进商品应当经过安全检查，同时接受安全部门的安全监督。

五、隔离区监护员的职责

（1）负责旅客到达前的隔离区清场工作，检查隔离区内的设施、设备和物品是否完好，有无藏匿可疑人员或可疑物品。

（2）负责对经过安全检查的旅客进行管理，维护隔离区的秩序。

（3）负责进出大门、通道的监护，检查进出隔离区工作人员的证件，防止无证、非本区域人员和未经安检的物品进入隔离区。

（4）负责隔离区的巡视，观察旅客动态，开展调查研究，注意发现可疑动向，如有情况立即报告领导。

（5）负责旅客离开登机门后至登机（或上摆渡车）前的管理和监护，防止旅客离开或无关人员混入旅客行列，或互相传递物品。

（6）宣传安全检查工作的政策规定，解答旅客询问。

六、隔离区监护的程序方法

（1）上岗后，监护人员分别对隔离区各部位进行严密清场。

（2）清场完毕，按分工把守登机口、通道和在隔离区内巡视。

（3）旅客到来后，注意发现形迹可疑和频繁进出的人员。

（4）在旅客候机期间，应经常巡查隔离区的各个部位，注意观察旅客动态，对重点部位要加强监控。

（5）当天航班结束后，要查看清理隔离区现场，注意发现有无遗留旅客和可疑人员及危险物品。

七、隔离区监护的重点部位

登机口、通道口、门窗等隔离区旅客容易与外界人员接触的地方，以及卫生间、吸烟区、垃圾桶、各种柜台等容易匿藏违禁物品的地方是隔离区监护的重点部位。

第五节　隔离区清场

一、隔离区清场的任务

查找隔离区有无可疑物品和可疑人，并确定可疑物品的性质和威胁程度，及时通知有关部门排除其危险性，保证安全。

二、隔离区清场的方法

1. 仪器清查

（1）金属探测器清查。主要是利用金属探测器清查监护区域内有无隐藏武器等金属性违禁物品。

（2）钟控定时装置探测器清查。利用钟控定时装置探测器清查监护区内有无隐藏定时爆炸装置。

（3）监控设备清查。通过遥控监护区内的监控探头，搜索有无可疑人员及可疑物品滞留在监护区内。

2. 人工清查

看：对被清查的区域、对象进行观察。

听：进入清查区域后，关上门窗，静听有无类似钟表的"嘀嗒"声或其他异响。

摸：对通过外观看不清的固定物体、设施，用手摸，检查有无隐藏物品。

探：对既无法透视，又不能用仪器检查的部位和物品，可用探针检查。

开：对清查区域内的箱柜、设施要打开、移开检查，如候机室内的各种柜台等要移开检查。

3. 隔离区清场的重点部位

隔离区清场的重点部位有卫生间、电话间、吸烟区、各种柜台、垃圾桶、窗台、窗帘、窗帘盒及座椅。

思考与练习

1. 机场控制区是如何划分的？什么是候机隔离区？
2. 证件检查岗位的工作职责是什么？
3. 人身检查岗位的工作职责是什么？
4. 开箱（包）岗位的工作职责是什么？
5. 飞机监护的范围和时间规定是什么？
6. 飞机监护的重点部位有哪些？

第三章　民航安检员服务礼仪和英语知识

学习目标

通过本章的学习掌握作为一名合格的安检员应该遵守的着装、仪容仪表、语言礼貌和执勤规范，牢记文明规范的岗位服务用语，并能运用简单的岗位英语对话。

第一节　民航安检人员礼仪礼节的基本规范

一、安检人员执勤规范

安检人员在执勤时，应当遵守下列规定：

（1）执勤前不吃有异味的食品、不喝酒，执勤期间举止端庄、不吸烟、不吃零食。

（2）尊重旅客的风俗习惯，对旅客的穿戴打扮不取笑、不评头论足，遇事不围观。

（3）态度和蔼，检查动作规范，不得推拉旅客。

（4）自觉使用安全检查文明执勤用语，热情有礼，不说服务忌语。

（5）爱护旅客的行李物品，检查时轻拿轻放，不乱翻、乱扔，检查完后主动协助旅客整理好被检物品。

（6）按章办事，耐心解释旅客提出的问题，不得借故训斥、刁难旅客。

二、仪容仪表规范

安检人员在执勤中，应仪容整洁，仪表端正，并遵守下列规定：

（1）男女发型自然大方，不留奇形怪发，男安检员不准留长发、胡须、大鬓角，女安检员在工作期间不得披发过肩。

（2）面部不浓妆艳抹，不戴奇异饰物。

（3）讲究卫生，仪容整洁，指甲不准过长或藏有污垢，严禁在手背或身上纹字、纹画。

三、着装规范

安检人员执勤时必须穿安检制服，并遵守下列规定：

（1）按规定缀钉、佩戴安检标志、领带（领结）、帽徽、肩章。

（2）按规定配套着装，冬、夏制服不得混穿。

（3）秋季时应统一着装，换装时间由各安检部门自行规定。

（4）应当着黑色、深棕色皮鞋。

（5）着装应当整洁，不准披衣、敞怀、挽袖卷裤腿、歪戴帽子，不准在安检制服外罩便服、戴围巾等。

（6）只能佩戴国家和上级部门统一制发的证章、证件和工号。

四、语言行为规范

执勤时应自觉使用文明执勤用语，热情有礼，不说服务忌语。不对旅客外貌举止进行议论，不准与旅客发生冲突。

五、礼节礼貌规范

安检人员的礼仪礼貌通常是在安检现场使用的，以表达对旅客的敬意。礼仪礼貌形式多样，一般来讲常见的有以下几种：

（1）问候礼。问候时要力戒刻板，应根据不同国家、不同地区、不同民族风俗习惯而定。

（2）称谓礼。称谓要切合实际，对不同性别、不同年龄身份、不同地位职务的对象要有不同内容的称呼。

（3）迎送礼。迎送外宾及重要旅客时，要热情得体，落落大方，通常用握手、鞠躬、微笑、注目礼迎送。

礼仪礼节在不同国家、不同民族中的表现形式不同，实施原则应区别对待，各有侧重。例如，见面时，有的点头、鞠躬、握手，有的赠送鲜花、拥抱，有的行注目礼或祝颂赞誉语言；泰国对人表现尊敬和欢送时行合十礼，而南太平洋有的地区还行碰鼻礼。在什么场合实施什么礼节。通常实施礼节时，应遵循以下几条原则：一是以我为主，尊重习惯。日常接待中，要以我国的礼节方式为主，特殊情况下尊重宾客的礼节习惯。二是不卑不亢，有礼有节。在宾客面前要保持一种平和心态，不因地位高低而态度不一，应彬彬有礼且不失大度。三是不与旅客过于亲密，要内外有别，公私分明，坚持原则。四是不过分烦琐，要简洁明了，以简洁大方为适度，不要过分殷勤而有损安检形象；对老弱病残者要给予特殊照顾，使安检窗口成为文明执勤的窗口，礼节规范的窗口，旅客满意放心的窗口。

第二节　文明规范的岗位服务用语

一、文明规范用语

1. 验证岗位

(1) 您好，请出示您的身份证(或相关证件)、飞机票和登机牌。

(2) 对不起，您的证件与要求不符，我得请示，请稍等。

(3) 谢谢，请往里走。

2. 前传、维序岗位

(1) 请把您的行李依次放在传送带上，请往里走(配以手势)。

(2) 请稍等(请进)。

(3) 请各位旅客按次序排好队，准备好身份证件、机票和登机牌，准备接受安全检查。

3. 人身检查岗位

(1) 先生(小姐)对不起，安全门已经报警了，您需要重新复查一下。

(2) 请转身，请抬起手来。

(3) 请问这是什么东西？您能打开给我看看吗？

(4) 检查完毕，谢谢合作。

(5) 请收好您放在托盘里的物品。

(6) 请将您身上的香烟、钥匙、打火机等金属物品放入盘内。

(7) 请脱下您的帽子。

4. 开箱(包)岗位

(1) 对不起，请您打开这个包。

(2) 对不起，这是违禁物品，按规定不能带上飞机，请将"三证"给我，给您办理手续。

(3) 对不起，刀具您不能随身带上飞机，您可交送行人带回或放进手提包内办理托运。

(4) 谢谢合作，祝您一路平安。

二、主要服务忌语

(1) 冷漠、不耐烦、推托的语句。例如：① 不知道。② 不清楚。③ 没时间。④ 没办法。⑤ 自己看，自己听。⑥ 不归我管，我不管。⑦ 少啰唆，少废话。⑧ 别问我，去问服务员。⑨ 没看我正忙着吗？⑩ 机票上写着呢，不会看呀？

(2) 不当称呼。例如：① 喂。② 老头。③ 大兵。④ 当兵的。

（3）斥责、责问的语句。例如：① 急什么？② 真讨厌，真烦人。③ 叫（嚷）什么？④ 没长眼呀？⑤ 你聋了，叫你怎么不听？⑥ 说过多少遍了，怎么不听？⑦ 为什么不把证件（物品）拿出来？⑧ 叫你拿出来，为什么不拿？⑨ 叫你站住怎么不站住？⑩ 急什么，早干啥去了？

（4）讥讽、轻视的语句。例如：① 你坐过飞机吗？② 你出过门吗？③ 土老帽。④ 乡巴佬。⑤ 看你就不是个好人。

（5）生硬、蛮横的语句。例如：① 我说不行就是不行。② 找别人去，我不管。③ 不让带就是不让带。④ 就是这样规定的，不清楚看公告去。⑤ 你算什么东西。⑥ 不查就给我出去，不要坐飞机，又没人请你。⑦ 我就这样，有本事去告我好了。

（6）催促、命令式的语句。例如：① 快点。② 回来。③ 过来。④ 过去。⑤ 转身。⑥ 站上去。⑦ 走吧。

（7）随意下结论的吓唬语句。例如：① 证件是假的，没收。② 不老实就送你到派出所。③ 带这个东西要判刑的。④ 这个东西不能带。⑤ 带这些东西要罚款。

三、称呼、礼貌用语

1. 称呼

一般称男士为先生，女士为小姐、太太；重要旅客应称呼首长及职务。

2. 礼貌用语

在安全检查工作中，应做到"请"字开头，"谢"字结尾。注意运用"您好""请""谢谢""对不起""再见"，等文明用语。

第三节　民航安检常用英语工作词汇

一、安全检查常用工作词汇

1. procedures before boarding 登机前手续

domestic flight 国内航班

international flight 国际航班

destination 目的地

travel document 旅游文件

airport improvement fee 机场建设费

administration 管理

passenger in transit 过境旅客

diplomatic passport 外交护照

check-in time 办理值机手续的时间

check in 办理值机手续(办票)

departure time 起飞时间

airline counter 航空公司柜台

passport control 护照检查

security check 安检

2. flight delays 航班延误

announcement 广播通知

delay 延误

flight number 航班号

bad weather conditions 差的天气情况

mechanical difficulties 机械故障

poor visibility 能见度差

departure(take off) 起飞

weather forecast 天气预报

apologize 道歉

inconvenience 不便

meals 膳食

accommodation 住宿

alternate flight 备选航班

3. waiting for security control 安检待检区岗位

security control/check 安全检查

carry-on baggage 手提行李

checked baggage 交运行李

conveyor belt 传送带

X-ray equipment X 射线机

walk-through metal detector 安全门

hand-held metal detector 手持金属探测器

personal search 人身检查

baggage search 行李检查

forbidden articles 违禁物品

weapon 武器

ammunition 弹药

aggressive tool 攻击性的器械

inflammable article 易燃物品

explosive article 易爆物品

corrosive article 腐蚀性物品

radioactive article 放射性物品

poisonous article 毒害品

dangerous article 危险物品

prevention 防止

hijacking 劫机

terrorism 恐怖活动

form a queue 排队

line up in order 排好队

tourist group 旅游团

delegation 代表团

tourist guide 导游

group visa 团体签证

common practice 惯例

see...off 为……送行

4. passport control 验证岗位

passport 护照

air-ticket 机票

boarding card(pass) 登机牌

identity card 身份证

expire 到期，期满

means of identification 身份证明

photo 照片

accord with 和……一致

valid 有效的

transferable 可转让的

regulation 规定

check-in procedures 值机手续

boarding procedures 登机手续

in charge of 负责

5. personal search 人身检查岗位

cigarette 香烟

lighter 打火机

key 钥匙

metal item/object/thing 金属物品

business card holder 名片夹

calculator 计算器

spectacle case 眼镜盒

mobile phone 手机

coin 硬币

chewing gum 口香糖

plate 托盘

health 健康

buzzing 嘟嘟作响

beep sound 嘟嘟声

pocket 口袋

manual search(physical search)手工检查

restricted area 隔离区

belongings 携带物品

departure lounge 候机厅

cooperation 合作

6. baggage search 开箱(包)检查岗位

aerated beverage 碳酸饮料

mineral water 矿泉水

tea 茶

milk 牛奶

yogurt 酸奶

fruit juice 果汁

bottle 瓶子

alcoholic beverage 带酒精的饮料

liquid article 液态物品

tin(can) 罐头

checking table 检查台、开包台

bottom 底部

restricted article 限制物品

knife 刀

kitchen knife 菜刀

surgical knife 手术刀

scissors 剪刀

tool 工具

tool kit 工具箱

receipt 收据

claim 认领

deliver 移交

crew 机组

sheet for delivery of restricted article 限制物品移交单

hair mousse 摩丝

hair spray 发胶

limit 限制、限量

oxygen container 氧气袋

contraband 违禁品

confiscate 没收

7. special screening procedures 对特殊人员的检查

diplomat 外交官

diplomatic representative 外交代表

ambassador 大使

counselor 参赞

consul-general 总领事

consul 领事

dean of diplomatic corps 外交使团团长

special envoy 特使

captain 机长

cardiac pacemaker 心脏起搏器

handicapped passenger 残疾旅客

wheelchair 轮椅

diplomatic passport 外交护照

authorization letter 授权证明

diplomatic pouch 外交信袋

VIP(very important person)要客

bullet 子弹

pistol 手枪

8. control of access 通道监护岗位

restricted area permit 隔离区通行证

temporary badge 临时通行证

staff entrance 员工通道

security screening checkpoint 安检通道，安检区

security screening procedures 安检手续

expiry date 有效期

uniform 制服

working hours 工作时间

information counter 问询台

apron 停机坪

9. boarding control 上客监护岗位

departure gate 出港门，登机口

boarding time 上客时间

10. security of checked baggage and cargo 交运行李和货物的安检

fragile article 易碎物品

lock 锁，上锁

separate 分开

pack 包装

erect 竖起

trunk 箱子

二、安全检查常用工作会话

(1) A：Which flight are you going to take?

   您要乘坐哪个航班?

   B：Flight CA981.

   CA981 航班。

(2) A：Are you going to take a domestic or an international flight?

您要乘坐国内还是国际航班？

B：An international flight.

国际航班。

(3) A：Where are you going? /Where's your destination?

您要前往哪里？/您的目的地是哪里？

B：I'm going to Beijing.

我要去北京。

(4) A：What's the check-in time for my flight?

我的航班什么时候开始办票？

B：One hour before departure.

起飞前一小时。

(5) A：Is it time to check in for Flight MU5517?

MU551 航班开始办票了吗？

B：The check-in hasn't begun yet. It'll begin in 30 minutes.

还没开始办票。30 分钟以后开始。

(6) please go to the airline counter to check in for your flight.

请到航空公司柜台为您的航班办理值机手续。

(7) please go there and go through the passport control and security check.

请到那里办理验证和安检。

(8) A：I've heard an announcement that my flight has been delayed. Could you tell me why?

从广播里得知我的航班延误了。你能告诉我原因吗？

B：What's your flight number?

您的航班号是什么？

(9) A：Do you know why my flight has been delayed?

你知道我的航班为何延误吗？

B：It is due to bad weather conditions.

这是因为不好的天气情况。

(10) A：Could you tell me why Flight CA945 hasn't departed yet?

您能告诉我 CA945 航班为何还不起飞？

B：I'm sorry to tell you that your flight has been delayed owing to mechanical difficulties.

非常抱歉地告诉您，由于机械故障您的航班被延误了。

(11) A：Could you tell me why the flight to Beijing has been delayed?

你能告诉我去北京的航班为何延误吗？

B：All the flights before nine have been delayed because of poor visibility this morning.

由于今天上午能见度差，9点以前的航班都被延误了。

(12) A：What's the extent of the delay?

要延误多久？

B：About 2 hours.

大约两小时。

(13) A：When do you expect it to depart?

你认为何时会起飞

B：Sorry，We don't know the extent of the delay now，but according to the latest forecast，We are going to have a change in the weather.

对不起，现在还不知道延误多久，但是根据最新的天气预报天气会有变化。

(14) A：When will it be ready for departure?

航班何时会起飞？

B：We will be informed as soon as the time is fixed.

时间一定下来我们就会接到通知。

(15) A：Well，that's a long delay.

延误时间很长啊。

B：I'd like to apologize for the inconvenience by this delay.

由航班延误带来的不便我们深表歉意

(16) A：You mean I have to stay here for the night.

你的意思是我不得不在这儿过夜了。

B：I'm afraid you have to，but the airline is responsible for your meals and accommodations.

恐怕是的，但是航空公司会负责提供膳食和住宿。

(17) A：Can you suggest me an alternate flight? /Can you put me on another flight to Beijing?

您是否能建议我一个备选航班？/您是否能把我安排在去北京的另一个航班上？

B：OK，let me check.

好，让我查一下。

（18）A：I have just checked in for Flight MU586，What should I do now?

　　　我刚办完了 MU586 的值机手续，现在该做什么了？

　　B：You should go through the passport control and security check.

　　　你应该去办理验证和安检。

（19）A：How should we go through the security check?

　　　我们该怎样接收安检？

　　B：Just put your carry-on baggage on the belt，which will take it to be screened by X-ray equipment. And you should go through that gate, the staff may give you a personal search.

　　　把手提行李放在传送带上接受 X 射线机检查。然后你通过安全门，工作人员会对你进行人身检查。

（20）A：How long will the search take?

　　　检查要多长时间？

　　B：It depends，If you don't have any forbidden articles，it will be very quick.

　　　要看情况而定，如果你没有违禁物品的话，会很快的。

（21）A：What kind of things can not be taken on the plane?

　　　哪些东西不能带上飞机？

　　B：It's forbidden，carry any kind of weapons，ammunition，aggressive tools and inflammable，explosive，corrosive，radioactive，poisonous articles on the plane.

　　　任何武器，弹药，攻击性的器械以及易燃、易爆、腐蚀性的、放射性的、有毒的物品都严禁带上飞机。

（22）A：What's the security check for?

　　　为何要安检？

　　B：The security check is carried out for the passenger's own safety. It's for prevention of hijacking and terrorism.

　　　安检是为了旅客自身的安全，是为了防止劫机事件和恐怖活动。

（23）A：Does everyone have to receive a personal search?

　　　每个人都必须接受人身检查吗？

　　B：Yes，the personal search is made on all passengers both domestic and international.

　　　是的，人身检查是针对所有的国内和国际的旅客。

(24) A：What will happen to me if I refuse the security check?

如果我拒绝接受安检会怎样呢?

B：Anyone who refuses that will not be allowed to board the flight.

任何拒绝接受安检的人是不允许登机的。

(25) Good morning (afternoon/evening) passengers, please form a queue and go through the passport control and security check one by one.

旅客们早上(下午/晚上)好,请按次序排好队,依次接受验证和安检。

(26) Hello, sir(miss, madam), please get ready your passport, identity card, plane ticket and boarding card for checks.

您好,先生(小姐/女士)请准备好护照、身份证、机票、登机牌以便检查。

(27) Passengers, if you haven't got a boarding card and a baggage check, please go to the airline counter to go through the check-in procedures first.

旅客们,如果你们还没有拿到登机牌和行李牌,请到航空公司柜台办理。

(28) Sorry sir, you have to check in this baggage, for it is too large and will cause you a lot of inconvenience.

对不起先生,您的这件行李太大,必须托运,不然会给您带来不便。

(29) Excuse me, are you the head of a group(delegation)? /Who is the tourist guide of the group?

请问,您是团长吗? /谁是这个团的导游?

(30) Excuse me, are you a member of tourist group(delegation)?

对不起,您是旅游团(代表团)的成员吗?

(31) Show me your group visa, please.

请出示团体签证。

(32) In order to improve checking speed, passengers in tourist group, please line up in order according to the list of plane tickets.

为了加快检查速度,旅游团的旅客请按机票名单的先后顺序排队。

(33) Excuse me, that machine doesn't work. This way, please.

对不起,那台机器有故障,请您走这边。

思考与练习

1. 民航安检人员的着装规范是什么?

2. 证件检查岗位的标准服务用语是什么?

3. 人身检查岗位的标准服务用语是什么？

4. 安检、证件检查、人身检查、托运行李、自理行李、违禁品的英语单词是什么？

5. A：Does everyone have to receive a personal search?

   B：Yes. the personal search is made on all passengers both domestic and international.

   这两句英语对话是什么意思？

6. "为了加快检查速度，旅游团的旅客请按机票名单的先后顺序排队"这句话用英语怎么表达？

第四章　物品检查知识

通过本章的学习，熟悉航空违禁品相关规定，危险品的概念、分类以及运输限制，掌握爆炸物处置的原则和方法，以及危险品的防护知识。

第一节　民航旅客禁止随身携带和托运的物品

民航旅客禁止随身携带和托运的物品包括枪支等武器、爆炸或者燃烧物质和装置、管制器具、危险物品、其他物品以及禁运物品。

一、枪支等武器（包括主要零部件）

能够发射弹药（包括弹丸及其他物品）并造成人身严重伤害的装置或者可能被误认为此类装置的物品，主要包括：

（1）军用枪、公务用枪、步枪、冲锋枪、机枪、防暴枪；

（2）民用枪，如气枪、猎枪、射击运动枪、麻醉注射枪；

（3）其他枪支，如道具枪、发令枪、钢珠枪、境外枪支以及各类非法制造的枪支；

（4）上述物品的仿真品。

二、爆炸或者燃烧物质和装置

能够造成人身严重伤害或者危及航空器安全的爆炸或燃烧装置（物质）或者可能被误认为是此类装置（物质）的物品，主要包括：

（1）弹药，如炸弹、手榴弹、照明弹、燃烧弹、烟幕弹、信号弹、催泪弹、毒气弹和子弹（铅弹、空包弹、教练弹）；

（2）爆破器材，如炸药、雷管、引信、起爆管、导火索、导爆索、爆破剂；

（3）烟火制品，如烟花爆竹、烟饼、黄烟、礼花弹；

（4）以上物品的仿制品。

三、管制器具

能够造成人身伤害或者对航空安全和运输秩序构成较大危害的管制器具，主要包括：

（1）管制道具，如匕首（带有刀柄、刀格和血槽，刀尖角度小于 60°的单刃、双刃和多刃尖刀）、三棱刮刀（具有三个刀刃的机械加工用刀具）、带有自锁装置的弹簧刀或跳刀（刀身展开或弹出后，可被刀柄内的弹簧或卡锁固定自锁的折叠刀具）、其他相类似的单刃双刃三菱尖刀（刀尖角度小于 60°刀身长度超过 150 mm 的各类单刃、双刃、多刃刀具）以及其他刀尖角度大于 60°刀身长度超过 220 mm 的各类单刃、双刃、多刃刀具；

（2）军警械具，如警棍、警用电击器、军用或警用匕首、手铐、拇指铐、脚镣、催泪喷射剂；

（3）其他属于国家规定的管制器具，如弩。

四、危险物品

能够造成人身伤害或者对航空安全和运输秩序构成较大危害的危险物品，主要包括：

（1）压缩气体和液化气体，如氢气、甲烷、乙烷、丁烷、天然气、乙烯、丙烯、乙炔（溶于介质的）、一氧化碳、液化石油气、氟利昂、氧气、二氧化碳、水煤气、打火机燃料及打火机用液化气体；

（2）自燃物品，如黄磷、白磷、硝化纤维（含胶片）、油纸及其制品；

（3）遇湿易燃物品，如钾、钠、锂、碳化钙（电石）、镁铝粉；

（4）易燃液体，如汽油、煤油、柴油、苯、乙醇（酒精）、丙酮、乙醚、油漆、稀料、松香油及含易燃溶剂制品；

（5）易燃固体，如红磷、闪光粉、固体酒精、赛璐珞、发泡剂；

（6）氧化剂和有机过氧化物，如高锰酸钾、氯酸钾、过氧化钠、过氧化钾、过氧化铅、过醋酸、双氧水；

（7）毒害品，如氰化物、砒霜、剧毒农药等剧毒化学品；

（8）腐蚀性物品，如硫酸、硝酸、盐酸、氢氧化钠、氢氧化钾、汞（水银）；

（9）放射性物品，如放射性同位素。

五、其他物品

其他能够造成人身伤害或者对航空安全和运输秩序构成较大危害的物品，主要包括：

（1）传染病病原体，如乙肝病毒、炭疽杆菌、结核杆菌、艾滋病病毒；

（2）火种（包括各类点火装置），如打火机、火柴、点烟器、镁棒（打火石）；

（3）额定能量超过 160 W·h 的充电宝、锂电池（电动轮椅使用的锂电池另有规定）；

（4）酒精体积百分含量大于 70%的酒精饮料；

（5）强磁化物、有强烈刺激性气味或者容易引起旅客恐慌情绪的物品以及不能判明性质可能具有危险性的物品

六、禁运物品

国家法律、行政法规、规章规定的其他禁止运输的产品。

第二节　民航旅客限制随身携带或托运的物品

民航旅客限制随身携带或托运的物品如下。

一、禁止随身携带但可以作为行李托运的物品

1. 锐器

带有锋利的边缘或者锐利尖端，由金属或其他材料制成的、强度足以造成人身严重伤害的器械，主要包括：

（1）日用道具（刀刃长度大于 6 cm），如菜刀、水果刀、剪刀、美工刀、裁纸刀；

（2）专业刀具（刀刃长度不限），如手术刀、屠宰刀、雕刻刀、刨刀、铣刀；

（3）用作武术文艺表演的刀、矛、剑、戟等。

2. 钝器

不带有锋利边缘或者锐利尖端，由金属或其他材料制成的、强度足以造成人身严重伤害的器械，主要包括：

棍棒（含伸缩棍、双节棍）、球棒、桌球杆、板球球拍、曲棍球杆、高尔夫球杆、登山杖、滑雪杖、指节铜套（手钉）。

3. 其他

其他能够造成人身伤害或者对航空安全和运输秩序构成较大危害的物品，主要包括：

（1）工具，如钻机（含钻头）、凿、锥、锯、螺栓枪、射钉枪、螺丝刀、撬棍、锤、钳、焊枪、扳手、斧头、短柄小斧（太平斧）、游标卡尺、冰镐、碎冰锥；

（2）其他物品，如飞镖、弹弓、弓、箭、蜂鸣自卫器以及不在国家规定管制范围内的电击器、梅斯气体、催泪瓦斯、胡椒辣椒喷剂、酸性喷雾剂、驱除动物喷剂等。

二、随身携带或者作为行李托运有限定条件的物品

1. 随身携带有限定条件但可以作为行李托运的物品

（1）旅客乘坐国际、地区航班时，液态物品应当盛放在单体容积不超过 100 mL 的容器

内随身携带，与此同时盛放液态物品的容器应置于最大容积不超过 1 L、可重新封口的透明塑料袋中，每名旅客每次仅允许携带一个透明塑料袋，超出部分应作为行李托运；

（2）旅客乘坐国内航班时，液态物品禁止随身携带（航空旅行途中自用的化妆品、牙膏及剃须膏除外）。航空旅行途中自用的化妆品必须同时满足三个条件（每种限带一件、盛放在单体容器容积不超过 100 mL 的容器内、接受开瓶检查）方可随身携带，牙膏及剃须膏每种限带一件且不超过 100 g(mL)。旅客在同一机场控制区内由国际、地区航班转乘国内航班时，其随身携带入境的免税液态物品必须同时满足三个条件（出示购物凭证、置于已封口且完好无损的透明塑料袋中、经安检检查确认）方可随身携带，如果在转乘国内航班过程中离开机场控制区则必须将随身携带入境的免税液态物品作为行李托运；

（3）婴儿航空旅行中必需的液态乳制品、糖尿病或者其他疾病患者航空旅行中必需的液态药品，经安全检查后方可随身携带；

（4）旅客在机场控制区、航空器内购买或者取得的液态物品在离开机场控制区之前可以随身携带。

2. 禁止随身携带但作为行李托运有限定条件的物品

酒精饮料禁止随身携带，作为行李托运时有以下限定条件：

（1）标志全面清晰且置于零售包装内，每个容器容积不得超过 5 L；

（2）酒精体积百分含量小于或等于 24% 时，托运数量不受限制；

（3）酒精体积百分含量大于 24%、小于或等于 70% 时，每位旅客托运数量不超过 5 L。

3. 禁止作为行李托运且随身携带有限定条件的物品

充电宝、锂电池禁止作为行李托运，随身携带时有以下限定条件（电动轮椅使用的锂电池另有规定）：

（1）标志全面清晰，额定能量值小于或等于 100 W·h；

（2）当额定能量值大于 100 W·h、小于或等于 160 W·h 时必须经航空公司批准且每人限带两块。

三、禁止运输的物品

国家法律、行政法规、规章规定的其他限制运输的物品。

 知识 扩展

关于禁止航空运输三星 Galaxy Note 7 手机的公告

三星 Galaxy Note 7 手机存在异常发热、燃烧等问题，有可能引发起火。截至 2016 年

10 月 11 日，中国大陆地区已经发生 20 起该款手机过热、燃烧事件。为确保航空运输安全，现将禁止航空运输三星 Galaxy Note 7 手机有关规定公告如下：

一、严禁旅客和机组成员随身或在手提行李中携带三星 Galaxy Note 7 手机乘机。

二、严禁旅客和机组成员将三星 Galaxy Note 7 手机放入托运行李中托运。

三、严禁把三星 Galaxy Note 7 手机作为航空货物收运。

四、公共航空运输企业及其地面服务代理人、航空销售代理人应在售票、办理乘机手续、货物收运等环节针对上述规定内容履行告知义务。

对于违反上述规定者，公安机关、民航行政机关将根据情节，依照国家有关法律、法规严肃处理。

本公告自 2016 年 10 月 27 日起施行。

中国民用航空局
2016 年 10 月 25 日

第三节　航空危险品运输概述和分类

一、危险品的含义

广义的危险品是指那些可能会明显地对人、物、环境和运输工具造成危害的物质和物品。

狭义的航空危险品是指那些具有爆炸性、可燃性、腐蚀性或放射性并在航空运输过程中可能明显地危害人体健康、人身安全或者财产安全的物质或物品。

二、航空危险品运输法规

联合国专家委员会（UNCOE）制定的除放射性物质以外的所有类型危险物品航空运输的建议程序——《危险品运输专家委员会建议措施》，该书为联合国出版物，因其封面为橙黄色，所以又被称为"黄皮书"。

国际原子能机构（IAEA）制定并出版的安全运输放射性物质的建议程序为《安全运输放射性物质规则》。所谓放射性物质，就是放射性活度大于 70 kBq/kg 的物质或物品。国际原子能机构是国际原子能领域政府间科学技术合作的组织，同时兼管地区原子能安全及测量检查，它于 1954 年 12 月由第 9 届联合国大会通过决议并于 1957 年 7 月成立，属于联合国的一个专门机构，总部设在维也纳。国际原子能机构自 1957 年成立以来制定了许多有关放射性物质运输的文件，其中最主要、最核心的文件是《放射性物质安全运输条例》。自 1996

年开始 IAEA 正式将《放射性物质安全运输条例》编入其安全标准丛书,即 6 号丛书。目前国际原子能机构的运输安全标准已被几乎所有的相关国际组织和国际原子能机构的许多成员国采用,成为有关国际组织和各个国家制定放射性物质运输管理法规和安全标准的准则和基础。

国际民航组织在上述两个文件的基础上制定了航空运输危险品安全规则,并编入《国际民用航空公约》附件 18 及《航空运输危险品安全技术指南》中。《国际民用航空公约》是 1944 年 11 月 1 日至 12 月 7 日在美国芝加哥举行国际民用航空会议上签署的协议,于 1947 年 4 月该公约生效,该协议的签署标志着国际民航组织(ICAO)的建立。

《航空危险品运输规则》(以下简称危规,DGR)由国际航空运输协会(IATA)危险品委员会根据该协会第 618 号和第 619 号决议制定并发布。危规是依据运营和行业标准实践方面的考虑所制定的,并且具有更强的约束性,这一规则每年都要进行修订,并且其新规定会在每一页的边缘处用方框符号表示。它是航空承运人从事危险品运输的条例手册,国际航空运输协会要求所有会员航空公司都必须遵照执行。国际航空运输协会(以下简称国际航协)是世界航空运输企业自愿联合组织的非政府性的国际组织,国际航协组织形式上是一个航空企业的行业联盟,属非官方性质组织,但是由于世界上大多数国家的航空公司都是国家所有,即使非国家所有的航空公司也受到所属国政府的强力干预或控制,所以国际航协实际上是一个半官方组织。

中国民航总局于 2004 年 9 月颁布实施《中国民用航空危险品运输管理规定》。该法规依据《中华人民共和国民用航空法》和《国务院对确需保留的行政审批项目设定行政许可的决定》制定,适用于在我国登记的民用航空器和在我国境内运行的外国民用航空器。

三、危险品种类、性状

1. 常见易燃易爆气体的种类、性状

易燃易爆气体一般是指压缩在耐压瓶罐中的压缩和液化气体,通常经压缩或降温加压后,储存于特制的高绝热或装有特殊溶剂的耐压容器中,在受热、撞击等作用时易引起爆炸,按化学性质一般分为易燃气体、不燃气体、助燃气体和剧毒气体四类。

常见的易燃易爆剧毒气体包括以下几种:

氢气:无色无臭的易燃气体,燃烧火焰为淡蓝色,液氢可作火箭和航天飞机的燃料。

氧气:无色无臭的助燃气体,液氧为淡蓝色,常见的有供急救病人使用的小型医用氧气瓶(袋)、潜水用的氧气瓶等。

丁烷气:无色极易燃气体,常用作充气打火机的燃料。

氯气:黄绿色的剧毒气体,有强烈的刺激气味,危险性极大。

2. 常见易燃液体的种类、性状

易燃液体是指常温下容易燃烧的液态物品，一般具有易挥发性、易燃性和毒性。

闪点（引火点，即引起燃烧的最低温度）是衡量液体易燃性的最重要的指标。国家规定闪点低于 45 ℃的液体是易燃液体。易燃液体一般经摇动后，会产生气泡，气泡消失越快，则越易燃。常见的易燃液体有汽油、煤油、柴油、苯、乙醇（酒精）、油漆、稀料、松香油等，它们遇到火星容易引起燃烧或爆炸。其中，汽油是一种无色至淡黄色、易流动的油状液体；苯是无色有芳香气味的易燃液体；纯净乙醇（酒精）是一种无色有酒味、易挥发的易燃液体。

3. 常见易燃固体的种类、性状

根据满足着火条件的不同途径，易燃固体可分为自燃固体、遇水燃烧固体和其他易燃固体。

常见的自燃固体：黄磷，又称白磷，无色或白色半透明固体；硝化纤维胶片，微黄色或无色有弹性的带状或卷状软片；油纸，将纸经浸油处理而成。

常见的遇水燃烧固体：金属钠、金属钾是银白色有光泽的极活泼轻金属，通常储存于脱水煤油中；碳化钙，俗称电石或臭煤石是一种灰色固体。

其他易燃固体：硫黄、闪光粉、固体酒精、赛璐珞等。其中，硫黄一般呈黄色结晶状；赛璐珞是一种有色或无色透明的片、板、棒状物，是制造乒乓球、眼镜架、玩具、钢笔杆等的原料，也是各类装潢所需的材料。

4. 常见毒害品的种类、性状

毒害品进入生物体后，会破坏生物体正常生理功能，引起病变甚至死亡。常见的毒害品主要包括氰化物、剧毒农药等剧毒物品。

氢氰酸是种无色液体，极易挥发，能散发出带苦杏仁气味的剧毒蒸气。

5. 常见腐蚀品的种类、性状

常见的腐蚀品主要有硫酸、盐酸、硝酸、有液蓄电池、氢氧化钠、氢氧化钾等。其中，硫酸是无色无味黏稠的酸性油状液体，具强腐蚀性。盐酸是无色至微黄色液体，是氯化氢水溶液，属酸性腐蚀晶。硝酸俗称硝镪水，带有独特的窒息性气味，属酸性腐蚀品。氢氧化钠俗称烧碱，是无色至白色固体或液体，也是一种常见的碱性腐蚀晶。

四、危险品的分类和标志

根据物质的不同，可将危险品的危险性分为 9 类，符合其中一类及以上的物质均称为危险品。9 种分类中，具有多种危险性的物质需进行再次分类，具体内容如表 4-1 所示（分类及区分的号码是为了方便使用，而非危险性的顺序排列）。

表 4 - 1　危险品的分类和标志

分类	类别名称	ICAO/IATA CODE	分类标志	常见物品名
1	爆炸类物品	1.3G(RGX)、1.4S(RXS)等		防烟筒、花炮、导火线、爆发钉(爆发性非常弱的物品可以装载)　注：只有部分 1.4S 的物品可装入客机
2	引火性气体	2.1(RFG)		小型燃料气瓶、抽烟用的气体打火机、引火性烟雾器
	非引火性、非毒性气体	2.2(RNG)(RCL)		消化器、压缩氧、液体氮、液体氨、非引火性烟雾器等冷冻液化气体(RCL)
	毒性气体	2.3(RPG)		一氧化碳、氧化乙烯、液体氨(只有货机可以装载)
3	引火性液体	3(RPG)		汽油、油漆、印刷墨、香料、灯油、酒精、黏合剂等
4	可燃性物质	4.1(RFS)		安全火柴、硝纤象牙、金属粉末、磷、硫黄等
	自燃性物质	4.2(RSC)		活性炭、硫化钠、金属催化剂等

分类	类别名称	ICAO/IATA CODE	分类标志	常见物品名
4	遇水易燃的物质	4.3(RFW)		钙、碳化物、镁、钡、碱土金属合金等
5	氧化性物质	5.1(ROX)		化学氧气发生器、双氧水、硫酸铵肥料等
	有机过氧化物	5.2(ROP)		树脂或封闭催化剂等
6	毒物	6.1(RPB)		杀虫杀菌剂、消毒剂、染料、水银化合物、医药品等
	易染病毒物质	6.2(RIS)		细菌、病毒、医药用废弃物等
7	放射性物质	第Ⅰ类		输送物表面的最大线量当量率在 500 μSv/h 以下；输送指数为 0
		第Ⅱ类		输送物表面的最大线量当量率在 500 μSv/h 以下；输送指数为 0.1～1.0

分类	类别名称	ICAO/IATA CODE	分类标志	常见物品名
7	放射性物质	第Ⅲ类		输送物表面的最大线量当量率在 2 mSv/h 以下；输送指数为 1.1～10.0
8	腐蚀性物质	8(RCM)		酸类、碱类、电池（内含电池液等物质）
9	其他有害物质	9(RMD) (ICE) (RSB) (MAG)		其他危险物质、部分化妆品等(RMD) 干冰(ICE) 磁性物质(MAG)
	微量危险品	(＊REQ) ＊JAL 内 CODE		根据内容物、一包内容量的一定值以下的物质
使用标志	冷冻液化气体专用	RCL		冷冻液化过的氮气、氩气等

分类	类别名称	ICAO/IATA CODE	分类标志	常见物品名
使用标志	货机专用	CAO		内容物、一包的内容物、只有货机才能装载的物质
	不可颠倒			装液体使用的组合容器

第四节　危险品运输限制

　　某些危险品的危险性不强，适合采用航空运输方式，某些危险品只能由货机运输，还有些危险品客货机均可以运输，为此，国际航协对航空危险品运输作了相应的规定，并在《危险品运输规则》中称为"限制"（Limitations），同时各成员国、各航空承运人均可据此制定更为严格的限制，该"限制"又被称为"差异"（Variations）。

一、在任何情况下都禁止航空器运输的危险品

　　某些物质因为容易发生爆炸、化学反应，产生火焰或者高温，或者出现毒性物质、腐蚀品或者易燃气体排放，所以不能采用航空运输的方式进行运输。在《危险品运输规则》中以下危险品为禁运物品。

　　（1）在连续保持48 h，温度为75 ℃（167 ℉）的情况下能够自燃或者分解的爆炸物。

　　（2）含有氯酸盐和铵盐的爆炸物。

　　（3）含有氯酸盐和磷的混合物的爆炸物。

　　（4）对机械震动极为敏感的固体爆炸物。

　　（5）对机械震动比较敏感的液体爆炸物。

　　（6）在正常航空运输条件下容易产生危险的热能或者气体的物质。

　　（7）经过试验证明具有爆炸性的易燃固体和有机过氧化物。

二、经过豁免可以航空运输的危险品

在非常紧急或者其他运输方式均不适合的情况下，如果按照规定处理某些危险物品会违背公众利益，则经过有关国家(始发国、中转国、飞越国、收货国和注册国)豁免可以选用航空运输方式。一般而言，这些危险品包括：

(1) 具有下列性质的放射性物质：①连续排放气体的 B(M) 型放射性物质包装件。②需要辅助冷却系统进行外部冷却的放射性物质包装件。③在运输过程中需要操作控制的放射性物质包装件。④具有爆炸性的放射性物质。⑤自燃的放射性液体。

(2) 在国际航协《危险品运输规则》的危险品专用名称表中明确列入禁运的物质和物品。

(3) 具有传染性的活体动物。

(4) 属于Ⅰ级包装且吸入蒸气可引起中毒的液体。

(5) 运输过程中处于液体状态且其温度等于或者超过 100 ℃，或者处于固体状态且其温度等于或者超过 240 ℃的物质。

(6) 其他由国家相关部门许可的物品或者物质。

三、隐含危险品

为了防止隐含危险品进入航空器，相关人员应遵循以下要求：

(1) 经营人的接收人员必须经过培训以便能够确定和检测存在于普通货物中的危险品。

(2) 普通申报单上的货物可能未包含有明显危险性的物品。这些危险物品也可能在行李中。为了防止未申报的危险品装载在航空器中以及旅客将未经允许的危险品带入机舱，货机和客机货物接收人员需要认真检查并确认其携带的物品中是否含有危险物品。

(3) 货机接收人员和客机安检人员必须得到以下相关信息：①包含有危险品的货物或旅客行李普通申报单。②显示危险品的其他标志(例如，标签和标记)。

四、旅客或者机组禁止携带的危险品

旅客或机组禁止携带的危险品如下：

(1) 装有锂电池或者烟火装置等危险物品的保险公文箱及公文包。

(2) 致残装置。如胡椒喷雾器和重头棍棒等带有刺激性或者是能使人致残的器具禁止随身携带或者在交运的行李和手提行李中携带。

(3) 液氧装置。使用液氧的个人医用氧气装置禁止随身携带或者在交运的行李和手提行李中携带。

五、可以作为交运行李的危险品

有些危险物品，经过经营人批准，可作为交运行李用航空器运输。这些物品包括：

（1）体育运动用弹药。限于 1.4S 分类经过安全装箱的供旅客个人使用的体育运动用弹药，其毛重限量不得超过 5 kg，不得含有炸弹或燃烧弹。两名以上旅客允许携带的枪弹不得合成一个或者数个包装件。体育运动用弹药运输，必须经过航空公司同意，然后按照危险品运输要求办理托运。

（2）装有防漏型电池的轮椅/辅助行动器。

（3）装有非防漏型电池的轮椅/辅助行动器。

（4）含有易燃液体燃料的野营炉灶和燃料。

六、可以随身携带的危险品

可以随身携带的危险品如下：

（1）水银气压计或水银温度计。政府气象局或类似官方机构每人可携带一支水银气压计或水银温度计作为随身携带行李登机，该类物品的包装必须达到以任何方式放置，其中的水银都不会从包件中渗漏。携带水银气压计或水银温度计的情况必须告知机长。

（2）产生热量的物品。一旦受到意外催化即可产生高热和着火的电池驱动设备，只可作为随身行李携带。产生热量的部件或能源装置需拆下，以防运输中发生意外。

七、可以作为随身或交运行李携带的危险品

可以作为随身或交运行李携带的危险品如下：

（1）医用氧气，即供医用的小型氧气瓶或氧气袋。

（2）装在救生衣内的二氧化碳瓶。装入每个人自身膨胀救生衣内的小型二氧化碳瓶不能超过两只。

（3）含有冷冻液体氮的绝热包装。液体氮装在隔热包里，能被多孔的材料完全吸收。

（4）雪崩救援背包。

八、不经允许可作为行李的危险品

有些危险品不经经营人允许即可作为行李用航空器运输，这些危险品包括：

（1）液体类药或梳妆物品。

乘坐国内航班，每人每次可随身携带总量不超过 1 L 的液态物品，且须开瓶检查确认无疑后，方可携带，超出部分必须托运。

乘坐从中国境内机场始发的国际、地区航班，此类物品必须盛在容量不超过 100 mL 的容器内，并放在一个容量不超过 1 L、可重复封口的透明塑料袋中。每名旅客每次仅允许

携带一个透明塑料袋，超出部分应托运。

盛装液态物品的透明塑料袋要单独接受安全检查。

民航总局建议使用的塑料袋规格为 20 cm×20 cm，容量为 1 L，并且是可重复封口的透明塑料袋。机场会向国际出港旅客提供，每位旅客只可取一个。

容器数量没有限制，但每个容器的容量不可多于 100 mL，并可完全放在一个容量 1 L 的塑料袋内，而且不显得拥挤。一般来说，一个 1 L 的塑料袋可以放置 5 个容量为 100 mL 的容器。

注意，各大航空公司的规定有一定差异。

（2）用于操作机械肢的二氧化碳气瓶。

（3）心脏起搏器/放射性药剂。放射性同位素心脏起搏器或其他装置，包括那些植入人体内的以锂电池为动力的装置或作为治疗手段装入人体的放射性药剂。

（4）医用/临床温度计。每位旅客允许携带一支置于人体中的小型医疗和临床水银温度计。

（5）固态二氧化碳（干冰）。每个人可在交运或随身行李中携带用于包装随身行李的不受《危险品运输规则》限制的易腐品的固态二氧化碳（干冰），但总量不能超过 2 kg，且包装不应释放出二氧化碳。

（6）安全火柴、打火机等。安全火柴、打火机以及类似打火机装置在 2008 年 4 月以后全面禁止携带乘机。

（7）酒精饮料。以零售形式包装的酒精饮料，其浓度在 24% 以上，但浓度不超过 70% 盛于容器中的酒精饮料，每人携带的净重量不超过 5 L。酒精浓度在 24% 或低于 24% 的酒精饮料不受任何规则的限制。但是酒类必须托运。

（8）卷发器含碳氢化合气体的卷发器，每一个旅客或机组人员可携带一只，其安全盖须紧扣电热元件上。在任何时候卷发器都不得在航空器上使用，此类卷发器不得装入交运或者随身携带的行李之中。

九、航空邮件中的危险品

根据国际航协（IATA）《危险品运输规则》的规定，万国邮政联盟禁止采用航空运输形式运送含有危险物品的邮件，除非该邮件得到《危险品运输规则》的豁免。

有些危险品可作为航空邮件收运，不过应按照有关国家邮政当局的规定及《危险品运输规则》的规定进行处理。这些邮件包括：

（1）传染性物质。航空邮件运输传染性物质，应随附"托运人申报单"，并用固体二氧化碳冷冻。

（2）固体二氧化碳（干冰）。可作为传染性物质的制冷剂随航空邮件运输，但应随附"托运人申报单"。

（3）放射性物质。

十、经营人资产中的危险品

《危险品运输规则》中关于危险物品的规定，不适用于航空运输经营人资产中的危险物品。根据《危险品运输规则》2.5.1.1—2.5.1.3的规定，这些物品包括：

（1）航空器材。航空器材根据分类虽然属于危险品，但它们是按照有关适航性的要求及经营人所在国为符合特殊要求而颁布的营运规则或由其授权而装载于航空器内的制品或者药品，不受《危险品的运输规则》的限制。

（2）消费品。一次飞行或连续飞行中，在经营人的客机上使用或者出售的气溶胶、含酒精饮料、香水、科隆水等，自2008年起严格接受《危险品运输规则》的限制。

（3）固态二氧化碳（干冰）。在航空器内，经营人资产中用于饮料或食品的二氧化碳不受《危险品运输规则》的限制。

十一、允许以航空货物运输的危险品

经货物始发国批准或者根据《危险品运输规则》的相关规定，以及经过有关国家豁免的情况下，危险品可以获准作为航空货物运输。危险品豁免和批准通常适用于客机或客货机禁止运输的危险物品。

十二、危险品的豁免

1. 豁免的条件

在非常紧急的情况下，或者当其他运输方式不适合时，或者按照所规定的要求会违背公众利益时，有关国家（始发、过境、飞越、目的地国，以及经营人所属国）可以豁免《危险品运输规则》有关条款的规定，但应确保整体安全水平。

2. 豁免文件使用

如果需要各相关国家批准，则应在装运前向经营人提供已取得该批准文件的证明。货物始发国的豁免或批准文书必须随附货物，如果豁免或者批准文件不是英文文本，则应以准确的英译文本随附货物。

十三、国际航协（IATA）补充规定的效力

国际航协（IATA）补充规定与国际民航组织（ICAO）的规则之间存在某些差异，这些差异是基于营运和管理体制方面的原因产生的。因此，国际航协（IATA）的规定比国际民航组织（ICAO）的规定更具有约束力。

十四、经营人的收运

在相关国家豁免或者批准的情况下，危险品的收运与否由经营人自行决定，任何其他人（包括组织、国家）不得强迫经营人接收或者拒收。

十五、例外数量的危险品

某些类型的危险品在运输量很小时，危险性也较小，此时这些危险品除了应该符合《危险品运输规则》中有关危险货物的定义、分类要求、必要的装载以及危险品事故处理要求以外，可以不受《危险品运输规则》中其他规定的限制，这种危险品被称为例外危险品。

作为托运人，有责任确定以"例外数量"（Excepted Quantities）形式运输的危险品的类型、包装要求、数量限制以及标志要求，货运代理人和承运人、货物收运人员也必须了解有关"例外数量"危险品的分类、包装和标志的要求，同时应仔细检查，确保所有包装件均正确使用各种标志，并正确进行包装和填写航空货运单。

1. 允许以例外数量危险品运输的危险物品

（1）不具有次要危险性的 2.2 项危险物品。

（2）所有包装登记的第 3 类危险物品。

（3）Ⅱ级和Ⅲ级包装，且不含有自反应物质的第 4 类危险物品。

（4）Ⅱ级和Ⅲ级包装的第 5.1 项危险物品。

（5）装在急救箱或化学物品箱内的 5.2 项危险物品。

（6）除了Ⅰ级包装中具有吸入性毒性的危险物品之外的所有 6.1 项危险物品。

（7）属于Ⅱ级和Ⅲ级包装单不含有 UN2803 和 UN2809 的第 8 类危险物品。

（8）非磁性物质的第 9 类危险物品。

2. 不允许以例外数量运输的危险物品

（1）在任何情况下均禁止运输的危险物品。

（2）在危险物品品名表中明确禁止用客机运输的危险物品。

（3）除了温度感应设备外，在非危险性物品或设备的一个装置中包含的危险物品，例如在电子设备或者其他设备中的水银开关。

（4）第 1 类物质和物品。

（5）具有次要危险性的第 2 类危险物品。

（6）具有第 4 类主要或次要危险性，Ⅰ级包装的物质或者自反应物质。

（7）具有第 5 类主要或次要危险性的Ⅰ级包装物质。

（8）具有第 6 类吸入性毒性的主要或次要危险性的Ⅰ级包装的物质。

（9）6.2 项传染性物质。

（10）除了具有其他类危险性以例外包装运输的放射性物质以外的第 7 类放射性物质。

（11）具有第 8 类主要或次要危险性的 I 级包装且代号为 UN2803 和 UN2809 的物质。

（12）第 9 类的磁性物质和固体干冰。

（13）仅允许在取得豁免或批准的情况下运输的任何危险物品。

3. 行李和航空邮件

例外数量的危险物品禁止作为交运行李或者随身携带的行李或者航空邮件物品。

4. 承运人责任

在交给经营人之前，承运人必须确认例外危险品。

十六、危险品的防护知识

（1）与危险品有关的一般应急程序如下：

① 危险品发生事故时应立即通知主管人员并向专业机构寻求支持。

② 在能够确保自身安全的情况下，对危险品进行识别。

③ 在确保自身安全的情况下，将其他包装件或财务与发生事故的危险品包装件隔离。

④ 避免接触危险品包装件的内装物。

（2）如果身体或衣物沾染了危险品内装物，应采取以下措施：

① 用水冲洗。

② 除去沾染的衣物。

③ 不要吃东西或吸烟。

④ 不要用手触摸眼睛、嘴巴和鼻子。

⑤ 到医院救治。

（3）确认可能受到危险品沾染的工作人员名单。

（4）必须通知主管当局（地方监管办、地区管理局和民航总局）。

第五节　爆炸物处置的基本原则、程序

一、爆炸物处置的原则

第一，爆炸装置是具有较大杀伤力的装置，万一爆炸，将引起严重的后果。因此，在处置爆炸装置（包括可疑爆炸物）时要慎重。

第二，要尽可能不让爆炸物在人员密集的候机楼内爆炸，万一爆炸也要尽可能最大限度地减少爆炸破坏的程度，要千方百计保障旅客、机场工作人员和排爆人员的安全。

第三，发现爆炸装置（包括可疑爆炸物）后，应禁止无关人员触动，只有经过专门训练的专职排爆人员才可以实施排爆。

二、爆炸物处置的准备工作

1. 建立排爆组织

如确定对爆炸装置进行处置，则要成立排爆组，除领导指挥外，要由有防爆专业知识和有经验的专职排爆人员实施。另外，还要组织医护、消防抢救小组处于待命状态。

2. 准备器材

排除爆炸装置是一项危险性极大的工作，为保障排爆人员的生命安全，应尽可能利用一些防护器材和排爆工具。防护器材主要有机械手、防爆箱（筐）、防爆毯、防爆服、防爆头盔等，也可用沙袋将爆炸物围起来。排爆工具主要有钳子、剪子、刀具、竹签、长棍、高速水枪、液态氮等。

3. 清理现场

在排爆现场，应将爆炸物附近的仪器设施全部转移，不能移动的，应采取防护措施。现场的门窗要打开，以防爆炸时冲击波得不到释放。如果爆炸物是可转移的，要事先确定排爆地点，通常是在附近没有人员、建筑物和飞机的偏僻地点。如临时确定改变地点，则应及时清理变更地区的铁质硬物，最好在确定方案的同时在排爆地点构筑排爆掩体等设施。

4. 疏散无关人员

即使用最有经验的排爆人员，用最有效的排爆器材和工具去处置爆炸物，也难以百分之百地保证爆炸物不爆炸。因此，在处置之前应考虑疏散无关人员。

三、爆炸物处置的程序

（一）对爆炸物的判断

第一，真假的判断。
第二，威力的判断。
第三，定时装置的判断。
第四，水平装置的判断。
第五，松、压、拉等机械装置的判断。
第六，其他防御装置的判断。

（二）对爆炸物装置进行处置的方法

1. 就地销毁

如确定爆炸物不可移动，采用就地引爆的方法进行销毁。为减少损失，销毁时可将爆炸物用沙袋围起来。

2. 就地人工失效

就地人工失效可采用失效法，即将处于危险状态的延期和触发式爆炸物首先使其引信失去功能，再对整个爆炸物进行拆卸，使引信和弹体（炸药）分开。

3. 转移爆炸物

当爆炸物位于候机楼和飞机等主要场所，并装有反拆卸装置且无把握进行人工失效但能移动时，应将爆炸物转移到安全地方进行处理。

 思考与练习

1. 禁止旅客随身携带或者托运的物品有哪几类？
2. 限制旅客随身携带和托运的物品有哪些？
3. 民航运输关于充电宝携带的规定是怎样的？
4. 简述危险品的分类及国际通用标志。
5. 对爆炸物装置进行处置的方法有哪些？
6. 与危险品有关的应急程序是怎样的？

第五章　证件检查

学习目标

认识证件检查的重要性；掌握乘机有效证件和机场控制区通行证件的分类、特点和检查方法；熟悉证件检查的流程方法，验讫章的管理制度，以及特殊情况处理。

第一节　证件检查的工作准备

一、基本操作

证件检查准备工作的实施步骤如下：

第一，验证员应按时到达现场，做好工作前的准备。

按以下内容办理交、接班手续：上级的文件、指示；执勤中遇到的问题及处理结果；设备使用情况；遗留问题及需要注意的事项等。

第二，验证员到达验证岗位后，将安检验讫章放在验证台相应的位置，开始进入待检状态。

第三，检查安检信息系统是否处于正常工作状态，并输入 ID 号进入待检状态。

二、相关知识

验讫章使用管理制度：验讫章实行单独编号、集中管理，落实到各班（组）使用。安检验讫章不得带离工作现场，遇有特殊情况需带离时，必须经安检部门值班领导批准。

案例分享

登机牌必须加盖安检验讫章才有效

旅客李小姐因害怕登机牌丢失给自己带来不必要的麻烦，所以，为了保险起见，她打印了两张登机牌，但是，麻烦事还是发生了。

2010 年 7 月 16 日上午 8 时，机场值机人员告诉安检，有一位小姐持一张没有加盖安检验讫章的登机牌准备登机，安检人员立即赶到现场并询问李小姐具体情况，李小姐面对询问道出实情，说自己因为害怕机场值机台办理的登机牌丢失而自行在家先打印了一张登机牌。没想到，过安检时她发现，值机台办理的登机牌真的不见了，只得用自己的备用登机牌。

李小姐不清楚在登机时必须使用加盖安检验讫章的登机牌，否则不允许登机。为了安全起见，安检人员将李小姐带到安检现场并通过现场监控核实，该旅客确实是用另外一张登机牌进行安检的，安检人员才放心地帮助李小姐加盖安检章后让她登机。

安检人员提醒：登机时使用的登机牌必须加盖安检验讫章，旅客在通过安检之后应当妥善保管好自己的登机牌，以免误机。

第二节　登机牌和证件的检查程序和方法

一、基本操作

（一）证件检查的程序

第一，人、证对照。验证检查员接证件时，要注意观察持证人的"五官"特征，再看证件上的照片与持证人"五官"是否相符。

第二，"四核对"。一是核对证件上的姓名与机票上的姓名是否一致。二是核对机票是否有效。三是核对登机牌所注航班是否与机票一致。四是核对证件是否有效，同时查对持证人是否为查控对象。

第三，查验无误后，按规定在登机牌上加盖验讫章放行。

（二）证件检查的方法

查验证件时应采取检查、观察和询问相结合的方法，具体为一看、二对、三问。

看：就是对证件进行检查，要注意甄别证件的真伪，认真查验证件的外观式样、规格、塑封、暗记、照片、印章、颜色、字体、印刷以及编号、有效期限等主要识别特征是否与规定相符，有无变造、伪造的疑点；注意查验证件是否过期失效。

对：就是观察辨别持证人与证件照片的性别、年龄、相貌特征是否吻合，有无疑点。

问：就是对有疑点的证件，通过简单询问持证人姓名、年龄、出生日期、生肖、单位、住址等方式，进一步加以核实。

（三）机场控制区证件的检查方法

1. 查验控制区通行证件，以民用航空主管部门及本机场有关文件为准

全国各机场使用的机场控制区证件代码有所不同，主要用以下几种方式表示不同的区域。

(1) 用英文字母表示允许持证人通过(到达)的区域。

(2) 用阿拉伯数字表示允许持证人通过(到达)的区域。

(3) 用中文直接描述允许持证人通过(到达)的区域。

2. 进入机场控制区证件检查的一般方法

(1) 看证件外观式样、规格、塑封、印刷、照片是否与规定相符,是否有效。

(2) 检查持证人与证件照片是否一致,确定是否为持证人本人。

(3) 看持证人通过(到达)的区域是否与证件限定的范围相符。

(4) 如有疑点,可向证件所注的使用单位或持证人本人核问清楚。

3. 对工作人员证件的检查

(1) 检查证件外观式样、规格、塑封、印刷、照片是否完好、正常,证件是否有效;检查持证人与证件上的照片是否一致;检查持证人证件的适用区域。

(2) 检查完毕,将证件交还持证人。经查验后符合的放行,不符合的拒绝进入。

4. 对机组人员的查验

(1) 对机组人员需查验空勤登机证,做到人证对应。

(2) 对加入机组的人员应查验其《中国民航公务乘机通行证》(加入机组证明信)、有效身份证件或工作证件(或学员证)。

5. 对一次性证件的查验

当持证人进入控制区相关区域时,验证员应查验其所持一次性证件的通行区域的权限和日期。具体办法按各机场有关规定执行。

二、相关知识

(一) 旅客的定义

旅客是指除机组成员以外的经承运人同意在航空器上载运或者已经载运的任何人。

(二) 客票的一般规定

客票是指由承运人或者代表承运人填开的被称为"客票及行李票"的凭证,包括运输合同条件、声明、乘机联和旅客联等内容。

客票的种类:按旅客的年龄划分,可分为婴儿票、儿童票与成人票;按航程划分,可分为单程客票、联程客票与来回程客票;按航班和乘机时间的确定情况划分,可分为定期客票(OK)与不定期客票(OPEN)。

知识 扩展

　　婴儿票是指不满两周岁的婴儿应购买的机票，票面价值是成人正常票价的 10％，不提供座位(如需要单独占用座位时，应购买儿童票)。若一个成人旅客携带婴儿超过一名时，超出的人数应购买儿童票，购买此类机票时，应出示有效的婴儿出生证明。

　　儿童票是指年龄满两周岁但不满 12 周岁的儿童所购买的机票，票面价值是成人正常票价的 50％(国际上部分地区为 75％)，提供座位，购买此类机票时，应出示有效的儿童出生证明。

　　成人票是指年满 12 周岁的人士应购买机票的种类。

　　单程客票是指点到点去程客票。

　　联程客票是指不能直达，中途需要转机的客票。一般从甲地飞往乙地，分为几个航段，每个航段的航班甚至执行航班的航空公司都可能不同，因此中间需要"中转"。一般来讲，中转是很方便的，在您上一航段结束时，机场会有明确的指示，引导您中转到下一航段航班，中间不需要出机场。

　　来回程客票是指点到点来回程客票。

　　"OK"票是指有具体的起飞时间，并确定好了座位的机票；"OPEN"票则是相对"OK"票而言的，其返程航班、座位、日期等均未确定，并在回程机票上标记"OPEN"字样。客人可在我国境外定好日期后到航空公司贴更改日期条。此种机票虽然较自由，购买时回程在有效期内可以不定日期，但风险较大，可能会遇到希望预订的日期订不上机位或订不上同机票上舱位等级一致的机位的情况，特别是在航线旺季时，经常整月订不到机位。一旦发生上述情况，旅客往往或滞留境外或补交差价购买高舱位机票或另购其他航空公司的机票返回，经济上损失较大。因此选择"OPEN"机票时，需慎重考虑。客人如想购买此种机票，应向机票代理处事先声明，并问清是否免费改期，因为大多数优惠机票是不允许回程"OPEN"的，改期往往也要收费。

　　客票的内容：承运人名称，出票人名称，出票时间、地点，旅客姓名，航班始发地点、经停地点、目的地点，航班号、舱位等级、日期和离站时间，票价和付款方式，票号，运输说明等。

　　客票为记名票，只限客票上所列姓名的旅客本人使用，否则客票无效，票款不退。

　　旅客应在客票有效期内，完成客票上所列明的全部航程。

　　国际和国内联程客票，其国内联程段的乘机联可在国内联程航段使用，不需换成国内客票；旅客在我国境外购买的用国际客票填开的国内航空运输客票，应换开成我国国内客票后才能使用。

　　定期客票只适用于客票上列明的乘机日期和航班。

客票自旅行开始之日起，一年内运输有效。如果客票全部未使用，则从填开客票之日起，一年内运输有效；客票有效期的计算，从旅行开始或填开客票之日的次日零时起至有效期期满之日的次日零时为止。

电子客票是普通纸质机票的一种电子映像，是一种电子号码记录。实现无纸化、电子化的订票、结算和办理乘机手续等全过程，会给旅客带来诸多便利，同时也为航空公司降低成本。对于旅客来讲，它的使用与传统纸质机票并无二致，可以依据各航空公司规定更改、签转与退票。旅客无须拿到传统的纸张机票，只要凭身份证，就可以直接到机场办理登机牌登机，从而避免了因机票丢失或遗忘造成的不能登机的尴尬。国内电子客票在成功出票的同时，也产生了被称为"航空运输电子客票行程单"（见图5-1）的传统机票替代品，可以作为法定的机票报销凭证。

图5-1 航空运输电子客票行程单

（三）登机牌的内容与使用规定

登机牌的内容：目前国内使用的登机牌（见图5-2）的主要内容有航班号、日期、旅客姓名、座位号、目的地和登机门等。登机牌上有明显的头等舱（F）、公务舱（C）、经济舱（Y）等字样及航空公司名称和航徽等。

图5-2 登机牌

使用规定：登机牌是旅客对号登机入座和地面服务员清点登机旅客人数的依据，和机票一起构成旅客乘机的凭证，旅客在接受安全检查时，登机牌应与本人身份证件同时出示，由安检人员检查后在登机牌上加盖验讫章。登机时，由值机人员查验。

三、验证检查注意事项

验证检查的注意事项包括如下：

第一，检查中要注意看证件上的有关项目是否有涂改的痕迹。

第二，检查中要注意发现冒名顶替的情况，注意观察持证人的外貌特征是否与证件上的照片相符。发现有可疑情况，应对持证人仔细查问。

第三，查验证件时要注意方法，要做到自然大方、态度和蔼、语言得体，以免引起旅客的反感。

第四，注意观察旅客穿戴有无异常，如戴墨镜、戴围巾、戴口罩、戴帽子等有伪装嫌疑的穿着，应让其摘下，以便于准确核对。

第五，应注意工作秩序，集中精力，防止漏验证件或漏盖验讫章。

第六，验证中要注意发现通缉、查控对象。

第七，验证中发现疑点时，要慎重处理，并及时报告。

第八，根据机场流量、工作标准以及验证、前传、引导、人身检查岗位的要求适时验放旅客。

第三节　乘机有效身份证件及机场各类通行证件

一、乘机有效身份证件

按照公安部、民航总局有关规定，乘机有效证件可归纳为四大类：居民身份证件、军人类证件、护照类证件和其他可以乘机的有效证件。

（一）居民身份证件

居民身份证件包括国内大陆地区的居民身份证和临时居民身份证。

1. 二代居民身份证的式样

二代居民身份证采用专用非接触式集成电路芯片制成卡式证件，规格为 85.6 mm×54 mm×1.0 mm（长×宽×厚）。背景图案以点线构成，以"万里长城"为背景图案的主标志物，代表中华人民共和国长治久安，配上远山的背景更增强了长城图案的纵深感。国徽庄严醒目，配以"中华人民共和国居民身份证"名称，明确表达了主题。证件清新、淡雅、淳朴、大方。

居民身份证的正面印有中华人民共和国居民身份证的证件名称，采用彩虹扭索花纹

（也称底纹），颜色按从浅蓝色至浅粉红色再至浅蓝色的顺序排列，颜色衔接处相互融合，自然过渡。"国徽"图案在证件正面左上方突出位置，颜色为红色；证件名称分两行排列于"国徽"图案右侧证件上方位置；以点画线构成的浅蓝灰色写意"长城"图案位于国徽和证件名称下方的证件版面中心偏下位置。有效期限和签发机关两个项目位于证件下方。

居民身份证的背面印有与正面相同的彩虹扭索花纹，颜色与正面相同，并列有姓名、性别、民族、出生日期、常住户口所在地住址、公民身份证号码和本人相片等七个登记项目，定向光变色的"长城"图案位于性别项目的位置，光变光存储的"中国 CHINA"字符位于相片与公民身份证号码项目之间。

部分少数民族的居民身份证采用汉字与少数民族文字共同书写的形式印制。根据少数民族文字书写特点，采用少数民族文字的证件有两种排版格式。一种是同时使用汉字和蒙文的证件，蒙文在前，汉字在后；另一种是同时使用汉字和其他少数民族文字（如藏、壮、维、朝鲜文等）的排版格式，少数民族文字在上，汉字在下。

2. 二代居民身份证的登记内容

二代居民身份证具备视读与机读两种功能。视读、机读的内容共有九项：姓名、性别、民族、出生日期、常住户口所在地住址、公民身份证号码、本人相片、证件的有效期限和签发机关。

3. 二代居民身份证的使用规定

（1）公民从事有关活动，需要证明身份的，有权使用居民身份证，有关单位及其工作人员不得拒绝。有下列情形之一的，公民应当出示居民身份证证明身份：

① 常住户口登记项目变更。

② 兵役登记。

③ 婚姻登记、收养登记。

④ 申请办理出境手续。

⑤ 法律、行政法规规定需要用居民身份证证明身份的其他情形。

依照《居民身份证法》规定未取得居民身份证的公民，从事以上规定的有关活动，可以使用符合国家规定的其他证明方式证明身份。

（2）人民警察依法执行职务，遇有下列情形之一的，经出示执法证件，可以查验居民身份证：

① 对有违法犯罪嫌疑的人员，需要查明身份的。

② 依法实施现场管制时，需要查明现场有关人员身份的。

③ 发生严重危害社会治安突发事件时，需要查明现场有关人员身份的。

④ 法律规定需要查明身份的其他情形。

对上述所列情形之一，拒绝人民警察查验居民身份证的，依照有关法律规定，对于不同的情形，采取措施予以处理。

（3）任何组织或者个人，不得扣押居民身份证。但是，公安机关依照《中华人民共和国刑事诉讼法》执行监视居住强制措施的情形除外。

（二）军人类证件

军人类证件包括军官证、警官证、士兵证、文职干部证、离休荣誉证、军官退休证。

1. 中国人民解放军军官证

中国人民解放军军官证的外套为红色人造革，封面正上方印有烫金的五角星，五角星下方为"中国人民解放军军官证"烫金字样，最下方印有"中华人民共和国中央军事委员会"字样。

军官证内芯登记项目为：照片、编号、发证机关、发证时间、姓名、出生年月、性别、籍贯、民族、部别、职务、军衔等。

知识 扩展

军官证

中国人民解放军军官证是由中华人民共和国军事委员会发放、由总政治部干部部监制的现役军官的身份证明。一般都注明了姓名、出生年月、民族、所在部队、职务、军衔级别等内容，上有照片，并加盖所属单位公章，可当身份证明。

军官证是中国人民解放军现役军官的身份证件，具有法律效力。封面落款是中华人民共和国中央军事委员会。在我军实行五五军衔制期间称为"军官身份证"，封面落款是中华人民共和国国防部。

2. 中国人民武装警察部队警官证

中国人民武装警察部队警官证的外套为深蓝色人造革，证件上方正中为烫金的警徽，警徽下为烫金的"中华人民共和国武装警察部队警官证"字样，最下方是烫金的"中华人民共和国国务院　中央军事委员会"字样。

警官证内芯登记项目除增加了"有效期"和改"军衔"为"衔级"外，其他内容和填写要求等都与军官证相同。

3. 中国人民解放军士兵证

中国人民解放军士兵证的外套为油绿色人造革，证件上方正中为烫金五角星，在五角星下方有烫金的"中国人民解放军士兵证"字样,最下方为烫金的"中华人民共和国中央军事委员会"字样。

证件内芯登记项目为:姓名、性别、民族、籍贯、入伍年月、年龄、部别、职务、军衔、发证机关、发证时间及证件编号(一律用阿拉伯数字填写),贴持证人近期着军衔服装的一寸正面免冠照片,加盖团以上单位代号钢印。

4. 中国人民武装警察部队士兵证

中国人民武装警察部队士兵证的外套为红色人造革,证件中央正上方为烫金的警徽,警徽下为烫金的"中国人民武装警察部队士兵证"字样,最下方为烫金的"中华人民共和国国务院　中央军事委员会"字样。

证件内芯各登记项目与解放军士兵证的内容相同。

士兵证

士兵证是现役士兵(包括义务兵和士官)身份的证明,由所属部队司令部发放管理。具有法律效力,作用等同身份证,是表明身份的有效证明。注明了姓名、性别、民族、籍贯、入伍年月、年龄、部别、编号、发证机关、发证日期、军衔等,上有一寸免冠照片并加盖所属单位、部队公章。

士兵证号码为七位数,从左至右前两位数为军级单位编号;其余五位数为士兵证序号,由各大单位自行编排;号码前要冠以各大单位"冠字"头;如沈阳军区应为"沈字第0100000号"。

中国人民解放军士兵证封面的落款署名是中华人民共和国中央军事委员会,中国人民武装警察部队士兵证封面的落款署名是中华人民共和国国务院及中央军事委员会。

5. 中国人民解放军文职干部证

中国人民解放军文职干部证的外套为红色人造革,正上方为烫金的五角星,下方为烫金的"中国人民解放军文职干部证"字样,最下方为烫金的"中华人民共和国中央军事委员会"字样。

文职干部证内芯登记项目为:照片、编号、发证时间、姓名、出生年月、性别、籍贯、民族、部别、职务、备注等。

6. 离休干部荣誉证

离休干部荣誉证的外套为红色人造革,正中上方为烫金的"中国人民解放军离休干部荣誉证"字样,下方为烫金的五角星,最下方有

烫金的"中华人民共和国中央军事委员会"字样。

荣誉证内芯登记项目为：照片、编号、发证时间、姓名、性别、民族、籍贯、出生年月、入伍(参加革命工作)时间、原部职别、离休时军衔、专业技术等级、现职级待遇、批准离休单位、批准离休时间、安置单位等。

7. 军官退休证

军官退休证的外套为红色人造革，上方正中为烫金的"中国人民解放军军官退休证"字样，下方为烫金的五角星，最下方为烫金的"中华人民共和国中央军事委员会"字样。

退休证内芯登记项目为：照片、编号、发证时间、姓名、性别、民族、出生年月、籍贯、参加工作时间、入伍时间、原部职别、原军衔、专业技术等级、批准退休单位、批准退休时间、安置单位等，

（三）护照类证件

护照类证件包括护照、港澳同胞回乡证、港澳居民来往内地通行证、中华人民共和国往来港澳通行证、台湾居民来往大陆通行证、大陆居民往来台湾通行证、外国人居留证、外国人出入境证、外交官证、领事证、海员证等。

中国护照分为：外交护照(红色封皮)、公务护照(墨绿色封皮)、因公普通护照(深棕色封皮)、因私普通护照(红棕色封皮)。

外国护照分为：外交护照、公务护照、普通护照等。

（四）其他可以乘机的有效证件

其他可以乘机的有效证件如下：

第一，本届全国人大代表证、全国政协委员证。

第二，出席全国或省、自治区、直辖市的党代会、人代会、政协会，工、青、妇代表会和劳模会的代表，凭所属县、团级(含)以上党政军主管部门出具的临时身份证明。

第三，旅客的居民身份证在户籍所在地以外被盗或丢失的，挂失后在户籍所在地公安机关出具的临时身份证明。

第四，年龄已高的老人(按法定退休年龄掌握)，凭接待单位、本人原工作单位或子女、配偶工作单位(必须是县、团级(含)以上单位)出具的临时身份证明。

第五，16岁以下未成年人凭户口簿或者户口所在地公安机关出具的身份证明等。

二、机场控制区各类通行证件知识

（一）全民航统一制作的证件

1. 空勤登机证

空勤登机证(见图5-3)适用于全国各民用机场控制区(含军民合用机场的民用部分)。

图 5-3 空勤登机证

空勤人员执行飞行任务时，须着空勤制服（因工作需要着其他服装的除外），佩戴空勤登机证，经过安全检查进入候机隔离区或登机。因临时租用的飞机或借调人员等原因，空勤人员需登上与其登机证适用范围不同的其他航空公司飞机时，机长应主动告知飞机监护人员。

2. 公务乘机通行证

公务乘机通行证（见图 5-4）全称中国民航公务乘机通行证，该证于 1998 年 3 月 1 日启用，由民航总局公安局统一制作，总局、地区管理局、飞行学院公安局及航空公司保卫部门负责签发。执行飞行、安全监察、安全保卫、身体检测、航线实习等任务的人员可办理公务乘机通行证。公务乘机通行证上印有姓名、性别、单位、前往地点、有效期、签发人、签发日期等项目，填写时须用蓝黑或碳素墨水笔填写，不得涂改，并在"骑缝章"和"单位印章"处加盖签发机关印章。公务乘机通行证"有效期"最长不得超过 3 个月，"前往地"栏最多只能填写 4 个（民航总局公安局除外）地点。

图 5-4 公务乘机通行证

公务乘机通行证只限在证件"前往地"栏内填写的机场适用。持证人应经安全检查进入机场控制区，随机执行公务的，应办理加入机组手续。持证人经过安检时，应将通行证与工作证同时交验。

3. 航空安全员执照

航空安全员执照（见图 5-5）由民航总局公安局统一制发，只适用于专职航空安全员，适用范围与空勤登机证相同。

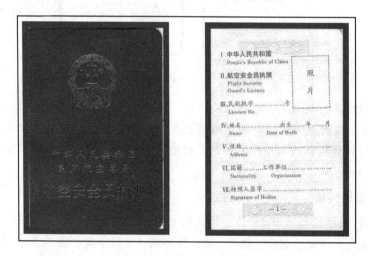

图 5-5　航空安全员执照

4. 特别工作证

特别工作证（见图 5-6）全称中国民用航空总局特别工作证，由民航总局公安局制发和

图 5-6　特别工作证

管理。特别工作证持有者可免检进入全国各民用机场控制区、隔离区或登机（不代替机票乘机）检查工作。进入上述区域时，要主动出示证件。

（二）各民航机场制作的证件

各民航机场制作的证件是根据管理的需要，由所在机场制发的有不同用途和使用范围的证件。从时限上可分为长期、临时和一次性证件，从使用范围上可分为通用、客机坪、候机楼隔离区、国际联检区等区域性证件；从使用人员上可划分为民航工作人员、联检单位工作人员和外部人员使用证件等。

不论怎样划分，各民航机场制作的证件虽然在外观颜色上、规格上可能有所区别，但其内容及各要素不会有太大改变。

1. 民航工作人员通行证

民航工作人员通行证是发给民航内部工作人员因工作需要进出某些控制区域的通行凭证（见图5-7），由所在机场统一制发和管理。尽管各机场制发的证件的外观式样、颜色不尽相同，但必须具备的项目如下：机场名称（某某机场字样），持证人照片、单位、职务、姓名，有效期限，签发机关（盖章），允许通行（到达）的区域等。证件背面应有说明。

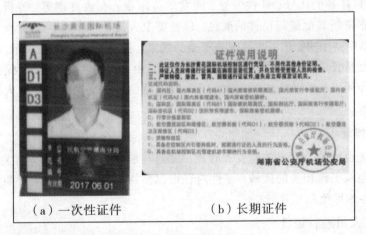

（a）一次性证件　　　　　　　　（b）长期证件

图5-7　机场制发证件

允许通行（到达）的区域一般分为候机隔离区（有的分国际和国内两部分）、客机坪、联检厅、登机等。

2. 联检单位人员通行证

联检单位人员通行证适用于对外开放的有国际航班的机场，主要发给在机场工作的联检单位的有关工作人员使用，这些单位一般是：海关、公安边防、卫生检疫、动植物检疫、口岸办公室、出入境管理部门等。

联检单位人员通行证由所在机场制发和管理，其使用范围一般只限于与其持证人工作相关的区域。证件的外观式样与项目内容各机场不尽相同，其内容要素与"工作人员通行证"相同。

3. 外部人员通行证

外部人员通行证的使用人员为因工作需要进入机场有关区域的民航以外的有关单位的工作人员。这类证件又分为"专用"和"临时"两种，专用证有持证人照片，临时证无持证人照片；专用证的登记项目内容与工作人员通行证相同，临时证则没有那么多内容，但必须有允许通行（到达）的区域标记。外部人员通行证一般与持证人身份证同时使用。持外部人员通行证者，必须经安全检查后方可进入隔离区、客机坪。

4. 专机工作证

专机工作证由民航公安机关制发。专机工作证一般为一次性有效证件，发给与本次专机任务有关的领导、警卫、服务人员等工作人员。凭专机工作证可免检进入与本次专机任务相关的工作区域。

各机场制作的专机工作证的式样、颜色不一，但应具备以下基本内容和要素："专机工作证"字样、专机任务的代号、证件编号、颁发单位印章、有效日期等。专机工作证的颜色应明显区分于本机场其他通行证件的颜色，以便警卫人员识别。

专机：根据中共中央、国务院、中央军委的规定，党中央委员会总书记、国家主席、全国人大常委会委员长、国务院总理、全国政协主席、中央军委主席、中央政治局常委、国家副主席乘坐的专用飞机，以及外国国家元首、政府首脑、执政党最高领导人乘坐的我国专用飞机称为专机。

5. 包机工作证

包机工作证由民航公安机关制发和管理。发给与航空公司包机业务有关的人员，持证人凭证可进入包机工作相关的区域。证件内容根据使用时间长短而定，短期的应贴有持证人照片，一次性的可免贴照片。

（三）其他人员通行证件

1. 押运证

押运证有多种式样和形式，主要适用于有押运任务的单位和负责押运任务的工作人员。

担负机要文件、包机和特殊货物任务的押运人员，在飞机到达站或中途站，可凭押运证在客机坪监卸和看管所押运的货物。

2. 军事运输通行证

以有军事运输任务的机场公安机关颁发的证件为准，使用人员为与军事运输工作相关的人员。持证人可凭证到达与军事运输相关的区域。军事运输通行证上应注明持证人单位、姓名、有效期限并加盖签发单位印章。

3. 侦察证

侦察证全称为中华人民共和国国家安全部侦察证，由国家安全部统一制作、签发，全国通用。侦察证式样：封面为红色，上部印有由盾牌、五角星、短剑及"国家安全"字样组成的徽章图案，下部印有"中华人民共和国国家安全部侦察证"字样；封二印有持证人照片、姓名、性别、职务、单位、签发机关、国家安全部印章、编号；封三印有持证人依法可以行使的职权。

国家安全机关的工作人员，因工作需要进出当地机场隔离区、停机坪时，凭机场通行证件通行。在外地执行任务时凭省、自治区、直辖市国家安全机关介绍信（国家安全部机关凭局级单位介绍信）和侦察证进入上述区域。

国家安全机关的工作人员持侦察证乘机执行任务时，机场安检部门按正常安检程序对其实施安全检查。

（四）车辆通行证

凡进入机场控制区的车辆都必须持有专用的通行证件。车辆通行证件式样各机场不尽相同，但一般应具备以下基本内容和要素：车辆的单位、车辆的牌号、车型、允许通行（到达）的区域、有效期限、签发单位等。

说明：由于军人类证件、民航工作证件等属于特殊证件，对于这类证件的检查知识需要在民航安检上岗培训中具体学习。

第四节　涂改、伪造、变造及冒名顶替证件的识别

一、基本操作

（一）证件识别的技术方法

1. 直观检查法

查验时，应先对证件外观、式样；规格、印刷颜色和相片等进行直观检查。

例如，二代居民身份证采用专用非接触式集成电路芯片制成卡式证件，规格为85.6 mm×54 mm×1.0 mm（长×宽×厚）。背景图案以点线构成，以"万里长城"为背景图案的主标志物，国徽庄严醒目，配有"中华人民共和国居民身份证"字样。证件清新、淡雅、淳朴、大方。居民身份证的签发机关是县公安局、不设区的市公安局和设区的市公安分局，以及经国家和省级批准有户口管理权限的各类开发区公安局。目前大部分假证做工粗糙，颜色不正，有的假证规格尺寸与真的证件有差别。

2. 类别检查法

（1）民族自治地方居民身份证件分为只填写汉字（如广西壮族自治区和内蒙古自治区等部分地区）和同时填写汉字和少数民族文字（如新疆维吾尔自治区，西藏自治区，内蒙古自治区部分地区，吉林省延边朝鲜族自治州和四川、云南、青海、甘肃、黑龙江、吉林、辽宁等省的部分民族自治地方）两类。同时填写汉字和少数民族文字的证件，少数民族文字在上，汉字在下（蒙古文字在左，汉字在右），如图 5-8 所示。较常见的少数民族文字有：维吾尔文、哈萨克文、蒙古文、藏文、朝鲜文、壮文、彝文等。

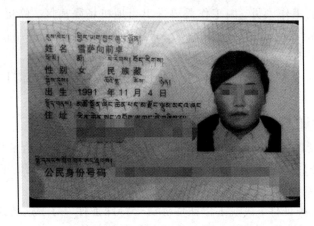

图 5-8　同时填写汉字和少数民族文字的居民身份证

（2）二代临时身份证与居民身份证式样、大小、工艺基本一致。区别为：临时身份证的有效期限为三个月，使用黑白照片，不设置计算机机读信息。

3. 逻辑识别法

（1）二代居民身份证有效期限与持证人年龄、签发日期和编号的关系。居民身份证的有效期限，按申领人的年龄确定为 5 年、10 年、20 年和长期四个档次。16 周岁以下者申领证件的有效期为 5 年，16 周岁至 25 周岁者申领证件的有效期限为 10 年；26 周岁至 45 周岁者申领证件的有效期限为 20 年；46 周岁以上者申领证件的有效期限为长期。证件有效期限从签发之日起开始计算。

（2）二代居民身份证编号与行政区划代码、出生日期和分配顺序号的关系。居民身份证编号由 18 位阿拉伯数字组成：第 1~6 位数字为行政区划代码；第 7~14 位数字为出生日期代码；第 14~17 位数字为分配顺序代码。行政区划代码：只表示公民第一次申领居民身份证时常住户口所在地。出生日期代码：第 7~14 位数字中，第 7、8、9、10 位代表年份；第 11、第 12 位代表月份（月份为一位数的前面加 0）；第 13、14 位代表日期（日期为一位的前面加 0）。查验或核查时，应注意核对持证人出生日期与出生日期码的填写是否一致。分配顺序代码：第 15~17 位数字中，奇数分配给男性，偶数分配给女性。查验或核查时，应注意核对持证人证件编号对应关系以及性别是否符合男女性的分配顺序码分别为奇偶数的规则。在分配顺序码后加 1 位校验码，是由号码编制单位按统一的公式计算出来的，其范围为 1~10，有些居民识别码生成为 10 的就用 X 代替（X 在罗马数字中代表 10），这也是有些居民的身份证号最后一位为 X 的原因。

居民身份证编号为持证人终生号码，临时身份证编号与居民身份证编号要一致，不能重号。

（二）涂改证件的识别

在检查中要注意查看证件上的姓名、性别、年龄、签发日期等项目是否有涂改的痕迹。涂改过的证件笔画粗糙、字迹模糊，涂改处及周围的纸张因为经过处理可能变薄或留下污损的痕迹，只要仔细观察，涂改证件通常可以用肉眼进行分辨。

（三）伪造、变造证件的识别

检查中要注意甄别证件的真伪，认真检查证件的外观式样，规格、塑封、印刷和照片等主要识别特征是否与规定相符，有无变造、伪造的疑点。

真证规格统一，图案、暗记齐全清晰；假证规格不一，手感较差，图案模糊不清，暗记不清不全。

真证内芯纸质优质、字迹规范，文字与纸张一体；假证内芯纸张质地粗糙、笔画粗糙、字迹模糊、排列不齐，文字凸显纸上。

真证印章边缘线宽窄一致、图案清晰、印章中字体大小一致、均匀规范、印油颜色深入纸张，而假证印章边缘线宽窄不一、图案模糊、印章中字体大小不一、粗细不一、印油颜色不均匀、印油发散。

对揭换过照片的证件，重贴的照片边缘有明显粘贴痕迹，薄厚不均，因为揭撕原照片时，很容易把照片底部表层纸撕去一部分，造成薄厚不均的现象，用透光检查很容易看到。

在紫光灯下，真的居民身份证的印章显示红色荧光，而伪假证件可能无荧光出现。

（四）冒名顶替证件的识别

检查中要注意查处冒名顶替的情况。要先看人后看证，注意观察持证人的外貌特征是否与证件上的照片相符，主要观察其五官的轮廓、分布，如耳朵的轮廓、大小，眼睛的距离和大小形状，嘴唇的厚薄和形状，以及面型轮廓，主要是颧骨及下颌骨的轮廓等。发现有可疑情况，应对持证人仔细查问。

二、相关知识

二代居民身份证有以下防伪措施。

1. 直观防伪措施

(1) 扭索花纹采用彩虹印刷。

(2) 在底纹中隐含有微缩字符。微缩字符由"居民身份证"汉语拼音字头"JMSFZ"组成。

(3) 正面写意：图案采用荧光印刷。

(4) 背面写意："长城"图案采用定向光变色膜；"中国 CHINA"字符采用光变光存储膜。

2. 数字防伪措施

证件机读信息进行加密运算处理后存储在证件专用集成电路(芯片)内。

首都机场安检查获伪造二代居民身份证

2006 年 8 月，北京首都机场安检工作人员首次查获一起使用伪造二代居民身份证的案例。在人身安检现场，安检员在查验证件时发现一名旅客的第二代身份证有些异常，从外观看此身份证印记不清，颜色不正，质地粗糙。由于第一次遇到这种情况，所以安检员借助仪器又做了进一步鉴别。最终确定此新版居民身份证系伪造证件。机场安检将该旅客和其使用的伪造证件一并移交公安机关审查处理。

该旅客的这种行为已经违反了《中华人民共和国居民身份证法》第十七、十八条。将依法追究刑事责任。制作、伪造身份证是违法行为；购买、使用伪造、变造居民身份证也同样要追究相应的法律责任。

第五节　在控人员的查缉与控制

一、查控工作的要求

查控工作是一项政策性较强的工作，是通过公开的检查形式，发现、查缉、控制恐怖分子、预谋劫机分子、刑事犯罪和经济犯罪分子、走私贩毒和其他犯罪分子的一种手段。因此，工作中要认真对待，不能疏忽。

二、接控的程序和方法

第一，公安、安全部门要求查控时应通过机场公安机关，安检站不直接接控。

第二，接控时，应查验《查控对象通知单》等有效文书。查控通知应具备以下内容和要素：布控手续齐全，查控对象的姓名、性别、所持证件的编号、查控的期限和要求、联系单位、联系人及电话号码。

第三，接控后要及时安排布控措施。

第四，如遇特殊、紧急、重大的布控而来不及到机场公安机关办理手续时，安检站在查验有效手续齐全的情况下可先布控，但应要求布控单位补办机场公安机关的手续。

第五，验证员应熟记在控人员名单和主要特征。

第六，对各类查控对象的查控时间应有明确规定，安检站要定期对布控通知进行整理，对已超过时限的或已撤控的通知进行清理。

三、发现查控对象时的处理方法

检查中发现查控对象时，应根据不同的查控要求，采取不同的处理方法。

发现通缉的犯罪嫌疑人时，要沉着冷静、不露声色，待其进入安检区后，按预定方案处置，同时报告值班领导，尽快与布控单位取得联系，将嫌疑人移交布控单位时，要做好登记，填写移交清单并双方签字。对同名同姓的旅客在没有十分把握的情况下交公安机关处理。

旅客接受安检时，工作人员可从离港系统获取旅客的一般信息（如旅客姓名、航班号、目的地、座位号等），随后旅客接受行李检查和人身检查，系统观察并自动存储行李透视图像，同时记录下旅客经安全门、人身复查及手工开包检查行李的全过程。每个旅客的所有信息经过计算机处理后，自动分类存储在系统的服务器中。

空防安全重点是预防，如果某人员是重点防范的对象，就能够通过离港系统的布控功能，使其未上飞机就落入法网。由于离港系统已经预先存储了布控人员的信息，当布控人员将登机牌递给工作人员时，如果旅客姓名与在控名单相符，则系统会跳出提示框，显示在控人员的详细资料，包括姓名、证件号码及相片等信息，提醒安检人员比较。

 案例 分享

2007 年 11 月某日下午，某机场安检员小 T 在为某航班一男性旅客查验证件时，系统突然发出提示，小 T 不动声色地通知了公安人员，将该旅客抓获。经核查该旅客为公安机关网上通缉的犯罪嫌疑人。

思考与练习

1. 简述证件检查的程序和方法。
2. 机场控制区的通行证件有哪些？
3. 简述伪造、变造证件的识别方法。
4. 简述二代身份证的防伪措施。
5. 简述发现查控对象时的处理方法。
6. 能够熟练认读旅客登机牌上的信息。

第六章　人身检查

学习目标

　　人身检查是民航安检的又一重要内容。本章将重点学习人身检查设备的准备、使用、人身检查的流程、重点部位、注意事项等，以提高进行人身检查的实际操作能力。

第一节　人身检查的设备准备

一、通过式金属探测门的测试

　　通过式金属探测门如图 6-1 所示。

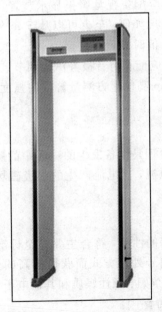

图 6-1　通过式金属探测门

（一）基本操作

1. 通过式金属探测门的试运行

（1）当一种型号的金属探测门在机场首次安装时，或一台金属探测门被改变位置后，操作员都必须重新进行调试。

（2）金属探测门应调节至适当的灵敏度，但不能低于最低安全设置要求。

（3）安装金属探测门时应避免可能影响其灵敏度的干扰。

（4）分别将测试器件放置在人体的右腋窝、右臀部、后腰中部、右踝内侧等部位，通过金属探测门进行测试。实施测试的人员在测试时不应该携带其他金属物品。

2. 通过式金属探测门的例行测试

（1）金属探测门如果连续使用（即从未关闭过），应至少每天测试一次，在接通电源后和对旅客进行检查前，都应进行测试。

（2）如果金属探测门的灵敏度与以前的测试相比有所下降，则应调高其灵敏度。

（3）每周应进行一次测试，测试时把测试器件分别放在身体的四个部位，即右腋窝、右臀部、后腰中部、右踝内侧部位，将结果加以比较，分析金属探测门的性能是否良好。

（二）相关知识

1. 金属探测门应有视觉警报和声音警报功能

（1）视觉警报。金属探测门应配备视觉警报显示装置，按金属通过的比例给出一个条形的视觉警报，无论环境发光情况如何，至少可以从 5 m 外清晰地观察到，信号低于报警限界值时显示绿色，高于其限界值时显示红色。

（2）声音警报。金属探测门应配有声音报警信号调节装置，可以调节持续时间、音调和音量。在距离门体 1 m 远、1.6 m 高的地方测量警报的强度，至少可以从 80 dBA 调节到 90 dBA。

2. 金属探测门的工作原理

脉冲式金属探测门的工作原理是设备发生的一连串的脉冲信号产生一个时变磁场，该磁场对探测区中的导体产生涡电流，涡电流产生的次极磁场在接受线圈中产生电压，并通过处理电路辨别是否报警。

3. 金属探测门的性能和特点

脉冲式金属探测门具有独特的性能，符合主要安全标准和客户安全标准。它是通过感应寄生电流及均化磁场的数字信号处理方式而获得很高的分辨率，但发射磁场厚度很低，对心脏起搏器佩戴者、体弱者、孕妇、磁性媒质和其他电子装置无害。

4. 影响金属探测门探测的因素

（1）金属探测门本身的因素。探测场的场强，探测方法（连续场与脉冲场）、工作频率和探测程序是影响探测的最重要因素。

（2）探测物的因素。探测物的质量和形状、金属种类或合金成分以及探测场的方向。

（3）测试者的因素。测试者的人体特征，测试者通过金属探测器的速率以及测试物在测试者身上的部位的不同都会对探测结果带来影响。

（4）周围环境的因素。使用环境中存在的一些金属物品、环境温度、湿度和周围电磁场的变化会影响探测器的功能。

5. 脉冲安全门主要参数的调试

（1）灵敏度的调整（以意大利 02PN8 型安全门为例）。先按 PROG，然后按 ENTER 两次。用▲或 r 选择 SE，最后按 ENTER 确认。一般灵敏度的确认要根据民航总局对允许金属通过大小来决定，其范围为 0～99。

（2）测试通过速度。选择到 DS 位置，可在 0～9 挡范围内选择，正常选择到 7，7 挡的速度为 25 km/h，即 7 m/s。

（3）噪声的设置。选择到 NL 位置，范围为 0～9，在使用条件下，一般噪声设置正常值 0 挡，通过设置此值可改变外界噪声（此处的外界噪声属离散脉冲，即瞬间出现，如电器开关后出现的噪声干扰），0 挡属于自动剔除噪声。

二、手持金属探测器的测试

手持金属探测器如图 6-2 所示，本书以 PD140 手持金属探测器为例进行介绍。

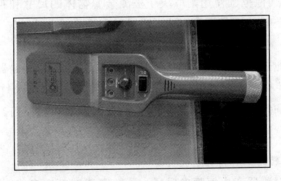

图 6-2　手持金属探测器

1. 技术指标

尺寸：340 mm×40 mm（手柄直径）×80 mm。

电源：9 V 叠层电池或 9 V 镍镉电池带充电器。

工作温度：−15 ℃～+60 ℃。

重量：400 g。

PD140 的三相开关用于选择灯光报警或声音报警蜂鸣器，其探测灵敏度分高、中、低三挡。

2. 基本操作

PD140 手持金属探测器操作指南：

1）电池安装

PD140 金属探测器可由 9 V 干电池或 VartaTR7/8 型镍氢充电电池及类似产品供电。拧下手柄末端的盖子，根据电池仓口处的极性指示正确插入电池，然后拧紧后盖，保证电池接触良好。

2）开机

三位置开关可向左或向右拨动，以此来选择两种操作报警模式：向左为只有灯光报警指示，向右为报警和音响同时进行，中间为关闭电源。探测器打开时报警指示灯将闪烁几秒。报警指示灯连续闪烁，此时应使探测面离开任何金属物品，直至上述灯熄灭。如电源指示灯以 1 s 间隔闪烁，表明电池电量充足。如电源指示灯快速闪烁时，表明需要更换电池或给电池充电了。

3）灵敏度调节及操作指导

PD140 手持金属探测器配备有灵敏度调节钮，有三挡（高、中、低）可供选择。若使用 PD140SR 高灵敏度型号，调节钮为连续调节型，以确保精细校准。一般情况下，灵敏度应设在中挡 MEDIUM，其他范围使用则取决于被测金属物体的尺寸和距离。PD140 金属探测器的灵敏度区域位于装置的下部平面区内，测量面积为 60 mm×140 mm。

4）电池充电

注意不要对干电池进行充电。将 PD140 的手柄插入 BC140 充电器即可进行充电。充电时探测器必须关闭，并打开充电器开关到 ON 位置，再以电源指示灯确认电源存在。完全充电所需时间为 16 小时。BC140 充电器可与其他类似设备串联使用。

3. 相关知识

1）手持金属探测器的工作原理

正常的手持金属探测器产生恒频率磁场，灵敏度调至频率哑点（中心频率）。当探测器接近金属物品时，磁场受干扰发生变化，频率漂移，灵敏度变化，发出报警信号；当探测器离开金属物品时，灵敏度恢复恒定频率，此时小喇叭无声响（哑点）。

2）手持金属探测器的使用和保管

（1）手持金属探测器属小型电子仪器，使用时应轻拿轻放，以免损坏仪器。

（2）手持金属探测器应由专人保管，注意防潮、防热。

（3）手持金属探测器应使用微湿柔软的布进行清洁。

3) 手持金属探测器各部位使用说明（以 PD140 为例）

(1) visual alarm indicator 1：可视报警指示灯 1。

(2) visual alarm indicator 2：可视报警指示灯 2。

(3) power indicator：电源开关指示器。

(4) sensitivity adjustment：敏感性调节按钮。

(5) on/off switch：打开/关闭开关。

(6) audible alarm：有声报警器。

(7) battery compartment cap：电池盒盖。

(8) sensitive detection area：敏感探测区域。

(9) audible alarm earpiece socket：有声报警器耳机插座。

案例分析

白云机场安检首次利用金属探测器查获人体藏毒

2009 年 4 月 3 日上午 7 时 30 分，一名准备前往大阪的尼日利亚籍乘客正在国际 4 号机房接受检查。安检员在对其进行人身检查时，探测器在其下腹部发出强烈的报警提示音，该乘客立即在口袋取出一条项链，示意是项链的原因；安检员没有轻信，继续检查，经过反复核查，发现报警的原因居然是在其体内！经进一步审问，乘客承认在前一天晚上吞下 29 件大拇指般大小的毒品，意图通过人体运毒的方式将毒品带到大阪，结果被细心的安检员查获，该乘客已被移交海关作进一步审查处理。

据介绍，藏毒者吞食毒品时，一般需用水将一颗颗包装好的海洛因硬生生吞食下肚，并强忍胃部不断收缩、翻滚欲吐的恶心感觉。携毒期间藏毒者基本不进食，由于胃肠的蠕动和胃酸的腐蚀，一旦海洛因外部包装破损，携毒者极有可能殒命。

有关检查人员称，人体藏毒隐蔽性高，现场查缉难度大，幕后团伙不易被发现。贩毒组织大多在国外，人体藏毒者不过是这些贩毒组织的"替死鬼"，因此要追查贩毒集团的幕后操纵人和贩毒团伙，我国需特别加强与国际组织的执法合作，以提高全面打击毒品走私的整体合力。

第二节　人身检查的实施

掌握使用通过式金属探测门、手持金属探测器实施检查的相关操作，掌握手工人身检查的相关操作，了解人身检查的重点对象和重点部位，能够在发生紧急情况时迅速关闭 X

射线机。

一、基本操作

（一）人身检查的程序

由上到下，由里到外，由前到后。

（二）人身检查的方法

对旅客进行人身检查有两种方法：仪器检查和手工检查，如图 6-3 所示。在现场工作中通常可采用仪器与手工相结合的检查方法。

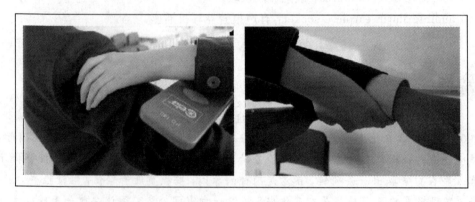

图 6-3 人身检查

仪器检查是指安检人员按规定的方法对旅客进行金属探测门检查或采取手持金属探测器等检查发现危险品、违禁品及限制物品。

（三）金属探测门检查的方法

所有乘机旅客都必须通过安全门检查（政府规定的免检者除外）。旅客通过安全门之前，安全门前的引导员应首先让其取出身上的金属物品，然后引导旅客按次序逐个通过安全门（要注意掌握旅客流量）。如发生报警，应使用手持金属探测器或手工人身检查的方法进行复查，彻底排除疑点后才能放行。

对旅客放入盘中的物品，应通过 X 射线机进行检查，对不便进行 X 射线机检查的物品要采用摸、掂、试等方法检查是否藏匿违禁物品。

（四）手持金属探测器检查的程序

前衣领→右肩→右大臂外侧→右手→右大臂内侧→腋下→右前胸→右上身外侧→腰、腹部→左肩→左大臂外侧→左手→左大臂内侧→腋下→左前胸→左上身外侧→腰、腹部。其中，腰部排查的方法如图 6-4 所示。

右膝部内侧→裆部→左膝部内侧。

头部→后衣领→背部→后腰部→臀部→左大腿外侧→左小腿外侧→左脚→左小腿内侧→右小腿内侧→右脚→右小腿外侧→右大腿外侧。

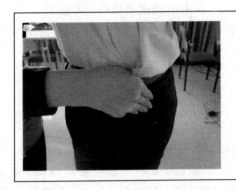

图 6-4 腰部排查方法

(五) 手工人身检查操作

第一，手检员面对或侧对安全门站立，注意观察安全门报警情况及动态，确定重点手检对象。

第二，当旅客通过安全门报警或有可疑对象时，手检员请旅客到安全门一侧接受检查。检查时，探测器所到之处，手检员应用另外一只手配合作摸、按、捏的动作。

第三，手检过程中，应注意对头部、手腕、肩胛、胸部、臀部、腋下、裆部、腰部、腹部、脚部、衣领、领带、鞋、腰带等部位进行重点检查。① 如果手持金属探测器报警，手检员左手应配合触摸报警部位，以判明报警物质性质，同时请过检人员取出该物品进行检查。② 过检人员将报警物品从身上取出后，手检员应对该报警部位进行复检，确认无危险品后方可进行下一步检查。

第四，当检查到脚部有异常时，应让过检人员坐在椅子上，请其脱鞋接受检查。步骤为：用手握住其脚踝判别是否藏有物品，确定其袜中是否夹带物品，检查完毕，将旅客的鞋过 X 射线机检查，确认无问题后再放行。

(六) 引导岗位的方法和程序

第一，引导员将衣物筐放于安全门一侧的工作台上。

第二，引导员站立于安全门一侧，面对旅客进入通道的方向，当有旅客进入检查通道时，引导员提示旅客将随身行李有序地放置于 X 射线机传送带上，同时请旅客将随身物品取出放入衣物筐内，若旅客穿着较厚重的外套，应请其将外套脱下，一并放入衣物筐过机检查。

第三，引导员观察手检区手检员工作情况(即当手检员正在对旅客进行检查时，引导员应请待检旅客在安全门一侧等待)待手检员检查完毕,引导员应疏通待检旅客有序通过安全门,合理控制过检速度,保证人身检查通道的畅通。

第四,对于易碎、贵重物品或其他特殊物品,应及时提醒开机员小心注意。

第五,对不宜经过 X 射线机检查的物品,从安全门一侧交与手检员,并通知开包员检查。

 **知识 扩展**

关于机场免检人员和要客范围的规定

1. 国家保卫对象的免检范围:对已列入国家保卫对象的中共中央总书记、政治局常委、委员、候补委员、书记处书记、候补书记;国家主席、副主席;全国人大常委会委员长、副委员长;国务院总理、副总理、国务委员;中央军事委员会主席、副主席、委员;全国政协主席、副主席;最高人民法院院长;最高人民检察院检察长。上述领导人率领的出访代表团全体成员,也免予检查。我国中央各部正部长率领代表团出访时,部长本人免于检查。

2. 对应邀来访的外宾免检范围:非执政党领导人和我国按相当于正部长级以上规格接待的重要外宾,凭中共中央、国务院、中央军委有关部、委或省、自治区、直辖市党委、人民政府出具的证明免于检查;应邀来访的(包括过境、非正式访问)副总统,副总理、副议长以上领导人率领的代表团全体成员免于检查;应邀来我国访问的各国正部长级官员率领的代表团,部长本人免于检查;大使夫妇、总领事夫妇经承运的航空公司同意,并由该公司人员陪同或出具证明,可免于检查。对其余的各国外交官员,领事官员及其家属和他们携带的行李物品,亦可按上述办法免于检查,但只作为内部掌握。

3. 对随同国家保卫对象乘坐民航班机的首长随身工作人员和我方接待属免检范围外宾的陪同人员,凭中共中央、全国人大常委会、国务院、中央军委有关部、委或省、自治区、直辖市党委、人民政府出具的证明免于检查。

4. 对于重要旅客应在安检时给予礼遇。重要旅客的范围包括:

(1) 省、部级(含副职)以上的负责人。

(2) 大军区级(含副职)以上的负责人。

(3) 公使、大使级外交使节。

(4) 由各部、委以上单位或我驻外使、领馆提出要求按重要旅客接待的客人。

5. 保密客人凭中央对台工作领导小组办公室出具的乘机介绍信免验其身份证件。

6. 关于对迎送人员进入隔离区的安全检查规定,其具体内容是:

(1) 所有迎送人员,原则上都不得越过安全检查区进入候机隔离区。如有特殊需要必须进入的,应按机场规定办理通行证件,进入时应接受检查(免检对象除外)。

（2）中央各部、委部长级负责同志因公务到机场迎送客人，需越过安全检查区进入候机隔离区迎送客人者，除部长级负责同志持证明，本人可免于检查外，随行人员均应持机场发给的通行证件，并接受安全检查。相当于副总理、副委员长以上的党、政、军领导人到机场迎送客人，凭有关单位出具的证明，均免于检查。

（3）迎送外国人和华侨、港澳同胞、台湾同胞、外籍华人的人员，一律不得进入候机隔离区；对副部长级以上高级官员率领的外国官方代表团以及其他身份较高的外宾，迎送人员可以进入候机隔离区，但人数要从严掌握，除迎送国家元首、政府首脑外，不得超过 5 人。迎送人员进入候机隔离区，应持民航发给的通行证件，并一律接受安全检查。

（七）X 射线机紧急关机程序

X 射线机上安装有紧急断电按钮，在出现紧急情况时，按下紧急断电按钮可以使系统立即关闭。重新开机时，只要拔出这一按钮并按下电源开关即可。

二、相关知识

（一）人身检查的定义

人身检查是指采用公开仪器和手工相结合的方式，对旅客人身进行安全检查。其目的是为了发现旅客身上藏匿的危险、违禁物品，保障民用航空器及其所载人员的生命、财产的安全。

（二）人身检查的重点对象和重点部位

1. 人身检查的重点对象

（1）精神恐慌、言行可疑、伪装镇静者。

（2）冒充熟人、假献殷勤、接受检查过于热情者。

（3）表现不耐烦、催促检查或者言行蛮横、不愿接受检查者。

（4）窥视检查现场、探听安全检查情况等行为异常者。

（5）本次航班已开始登机、匆忙赶到安检现场者。

（6）公安部门、安全检查站掌握的嫌疑人和群众提供的有可疑言行的旅客。

（7）上级或有关部门通报的来自恐怖活动频繁的国家和地区的人员。

（8）着装与其身份不相符或不合时令者。

（9）男性中、青壮年旅客。

（10）根据空防安全形势需要有必要采取特别安全措施航线的旅客。

（11）有国家保卫对象乘坐的航班的其他旅客。

（12）检查中发现的其他可疑问题者。

2. 人身检查的重点部位

头部、肩胛、胸部、手部(手腕)、臀部、腋下、裆部、腰部、腹部、脚部。

3. 从严检查的相关要求

(1) 对经过手工人身检查仍不能排除疑点的旅客,可带至安检室进行从严检查。

(2) 实施从严检查应报告安检部门值班领导批准后才能进行。从严检查必须由同性别的两名以上检查员实施。

(3) 从严检查应做好记录,并注意监视检查对象,防止其行凶、逃跑或毁灭罪证。

(三) 手工人身检查的定义

手工人身检查是指安全检查人员按规定的方法对旅客身体采取摸、按、压等检查方法发现危险品、违禁品。

(四) 手工人身检查的注意事项

第一,检查时,检查员双手掌心要切实接触旅客身体和衣服,因为手掌心面积大且触觉较敏锐,这样能及时发现藏匿的物品。

第二,不可只查上半身不查下半身,特别要注意检查重点部位。

第三,对旅客从身上掏出的物品,应仔细检查,防止夹带危险物品。

第四,检查过程中要不间断地观察旅客的表情,防止发生意外。

第五,对女性旅客实施检查时,必须由女检查员进行。

☆ **案例** 分享

南京禄口国际机场安检在人身检查中查获一名涉嫌携带毒品的旅客

2012 年 2 月 19 日晚 8 时,一名乘坐 3U8994 航班自南京前往成都的男性旅客在南京禄口国际机场国内旅检 B—3 安检通道通过安全检查时,工作人员发现这位旅客面色暗淡无光,疑似是吸毒者,便不动声色地在人身检查过程中格外留了心。当检查至脚部时,安检员发现其左侧袜子里好像有异物,取出一看,是一个很小的塑料袋,里面有一些白色粉末状物。安检员问旅客是什么。旅客先是东张西望,顾左右而言他,后见安检人员追问得紧,只得承认是自己服用了"海洛因"毒品,并露出身上的皮疹和溃疡状糜烂部位,直言自己是艾滋病患者。此时,安检员并未因已经查获毒品而认为大功告成,更没有因为顾虑旅客是艾滋病患者而放松检查,而是按照程序进一步对该旅客的人身、行李进行了进一步细致的全面检查,结果不仅在旅客鞋垫下再次查出一包"海洛因"及注射器,还在其随身行李中发现多件新旧不一,品牌不一,显然不是个人使用的数码产品。经讯问得知,这些数码产品均为盗窃所得。原来，这名旅客在吸毒过程中因交叉感染患上了艾滋病，他为了满足毒瘾，又以盗窃筹集毒资，是个典型的瘾君子。目前，该旅客已被移交南京机场公安机关处理。

思考与练习

1. 手持金属探测器检查的程序是什么？
2. 简述手工人身检查的相关操作步骤。
3. 简述金属探测门检查的方法。
4. 人身检查的重点对象和重点部位有哪些？
5. 安检人员进行手工人身检查时有哪些注意事项？
6. 了解机场免检人员和要客范围。

第七章　开箱(包)检查

学习目标

　　开箱(包)检查是机场安检的重点内容之一。本章将学习开箱(包)检查的程序、方法和操作技巧,常见物品的检查方法,对开箱(包)中危险品和违禁品的处理,以及暂存与移交物品的办理办法。

第一节　开箱(包)检查的实施

　　学习本节要求掌握开箱(包)检查的程序、方法和操作技巧。

一、基本操作

(一) 开箱(包)检查的程序

1. 观察外层

　　先观察箱(包)的外形,再检查外部小口袋及有拉链的外夹层。

　　检查内层和夹层时要用手沿行李包的各个侧面上下摸查,将所有的夹层、底层和内层小口袋检查一遍。

2. 检查包内物品

　　按 X 射线机操作员所指的重点部位和物品进行检查,在没有具体目标的情况下应一件一件地检查。已查和未查的物品要分开,放置要整齐有序。如包内有枪支等物品,应先将之取出保管好,及时进行处理,然后再细查包内其他物品,并对物主采取看管措施。

3. 善后处理

　　检查后如有问题应及时报告领导,或交公安机关处理。没有发现问题的应协助旅客将物品放回包内,并对其合作表示感谢。

(二) 开箱(包)检查的方法

　　一般是通过人的眼、耳、鼻、舌、手等感官进行开箱(包)检查,检查过程中,应根据物品特性采取相应的检查方法。主要方法有：看、听、摸、拆、掂、捏、嗅、探、摇、烧、敲、开等。

　　看：就是对物品的外表进行观察，看是否有异常，包袋是否有变动等。

　　听：对录音机、收音机等音响器材通过听的方法，判断其是否正常。此法也可以用于对被怀疑有定时爆炸装置的物品进行检查。

　　摸：就是直接用手的触觉来判断是否藏有异常或危险物品。

　　拆：对被怀疑的物品，通过拆开包装或外壳，检查其内部有无藏匿危险物品。

　　掂：对被检查的物品用手掂其重量，看其重量与正常的物品是否相符，从而确定是否进一步进行检查。

　　捏：主要用于对软包装且体积较小的物品，如洗发液、香烟等物品的检查，靠手感来判断有无异常物。

　　嗅：对被怀疑的物品，主要是爆炸物、化工挥发性物品等，通过鼻子的嗅闻，判断物品的性质。基本动作应注意使用"扇闻"的方法。

　　探：对有怀疑的物品，如花盆，盛有物品的坛、罐等，如无法透视，也不能用探测器检查，可用探针进行探查，判断有无异物。

　　摇：对有疑问的物品，如用容器盛装的液体，佛像、香炉等中间可能是空心的物品，可以用摇晃的方法进行检查。

　　烧：对有怀疑的某些物品，如液体、粉末状、结晶状等物品，可取少许用纸包裹，然后用火点燃纸张，根据物品的燃烧程度等判断其是否属于易燃易爆物品。

　　敲：对某些不易打开的物品，如拐杖、石膏等，用手敲击，听其发音是否正常。

　　开：通过开启关闭开关，检查手提电话等电器是否正常，防止其被改装为爆炸物。

　　以上方法不一定单独使用，通常是几种方法结合起来，以便更准确、快速地进行检查。

(三) 开箱(包)检查的操作

　　开箱(包)检查员站立在 X 射线机行李传送带出口处疏导箱(包)，避免过检箱(包)被挤、压、摔倒。

　　当有箱(包)需要开检时，操机员给开箱(包)员以语言提示，待物主到达前，开箱(包)员控制需开检的箱(包)，物主到达后，开箱(包)检查员请物主自行打开箱(包)，对箱(包)实施检查。在箱(包)内疑有枪支、爆炸物等危险品的特殊情况下需由开箱(包)员控制箱(包)，并做到人物分离。

　　开包检查时，开启的箱(包)应侧对物主，使其能通视自己的物品。

　　根据开机员的提示对箱(包)进行有针对性的检查。已查和未查的物品要分开，放置要整齐有序。① 检查包的外层时应注意检查其外部小口袋及有拉锁的外夹层。② 检查包的内层和夹层时应用手沿包的各个侧面上下摸查，将所有的夹层、底层和内层小口袋完整、认真地检查一遍。

检查过程中，开箱(包)员应根据物品种类采取相应的方法进行检查。

开箱(包)员将检查出的物品请开机员复核。① 若属安全物品则交还旅客本人或将物品放回旅客箱(包)，协助旅客将箱(包)恢复原状。而后对箱(包)进行 X 射线机复检。② 若为违禁品则移交值班领导处理。

若过检人员申明携带的物品不宜接受公开开箱(包)检查时，开箱(包)员应交值班领导处理。

遇有过检人员携带胶片、计算机软盘等不愿接受通过 X 射线机检查时，应进行手工检查。

二、相关知识

(一) 物品检查的范围

物品检查的范围主要包括三个方面：一是对旅客、进入隔离区的工作人员随身携带的物品的检查。二是对随机托运行李物品的检查。三是对航空货物和邮件的检查。

(二)《国际民用航空公约》附件 17 中关于违禁物品的定义及分类

1. 违禁物品的定义

违禁物品是指属于严禁被携带进入航空器客舱或带入机场保安限制区内的物品，但经批准的人员为履行重要任务对其有所需要者除外。这些重要任务通常与机场、航空器、运行、工程、航空公司、机场配餐设施和餐厅的运营有关，因此经批准的人员包括航空器机组成员，他们需要这些违禁物品履行正常飞行的职责，或作为紧急救生或医疗设备的必备组成部分。

2. 违禁物品举例

(1) 腐蚀性物质：汞、车辆电池。

(2) 炸药类：雷管、导火索、手榴弹、地雷、炸药。

(3) 易燃液体：汽油、甲醇。

(4) 易燃固体和活性物质：镁、引火物、烟火、照明弹。

(5) 气体：丙烷、丁烷。

(6) 其他物质：装过燃料的车辆燃油系统部件、氧化物和有机过氧化物、漂白剂、车身修理工具。

(7) 放射性物质：医用或商用同位素。

(8) 有毒或传染性物质：鼠药、被感染的血液。

**知识** 扩展

放射性物质

放射性物质是指某些物质的原子核能发生衰变，释放出人类肉眼看不见也感觉不到，只有专用仪器才能探测到的射线的物质。一般是指核武器试验的沉降物、核燃料循环的"三废"、医疗照射引起的以及其他各方面来源的放射性污染物。

同位素

同位素是具有相同原子序数的同一化学元素的原子，它们在元素周期表上占有同一位置，其化学行为几乎相同，但原子质量或质量数不同，从而其质谱行为、放射性转变和物理性质(例如在气态下的扩散本领)有所差异。同位素的表示是在该元素符号的左上角注明质量数。

19 世纪末人们先发现了放射性同位素，随后又发现了天然存在的稳定同位素，并测定了同位素的丰度。在自然界中，许多元素都有同位素，且各种同位素的原子个数百分比一定。

同位素的种类很多，它们有的是天然存在的，有的是人工制成的；有的有放射性，有的没有放射性。经研究证明，有些放射性同位素虽然放射性显著不同，但化学性质却完全一样。

3. 违禁物品的一般分类

违禁物品通常可以分为以下五类。

第一类，火器、枪支和武器，即任何可以或看上去可以发射子弹或致伤的物体。

第二类，尖状/有刃的武器和锋利的物体，即任何可以用来致伤的尖状或有刀刃的物体。

第三类，钝头器械，即任何可以用来致伤的钝头物体。

第四类，爆炸和易燃物质，即任何对旅客和机组的健康或航空器和财产的安全产生危险的爆炸或高度易燃的物质。

第五类，化学和有毒物质，即任何对旅客和机组的健康或航空器和财产的安全产生危险的化学和有毒物质。

4. 违禁物品分类举例

第一类，火器、枪支和武器，如气枪、步枪和子弹枪支、所有的火器(如手枪、左轮手枪、步枪、猎枪等)、动物麻醉屠宰器、滚珠枪、弹弓、火器的散件(不包括望远镜瞄准装置和瞄准器)、弓弩、鱼叉和水下鱼枪、工业用打钉机、火器形状的打火机、仿真和仿造的火

器、信号枪、发令枪、眩晕或震慑装置（如赶牛刺棒、有弹射力的武器）、各种类型的玩具枪。

第二类，尖状/有刃的武器和锋利的物体，如斧头和短柄小斧、箭和飞镖、金属钩、鱼叉和水下鱼枪、冰镐和碎冰锥、冰鞋、刀刃长度不等的折叠或弹簧刀具、真刀和礼仪场合用的刀具（刀刃长度超过 6 cm，用金属或任何其他强度足以被用作武器的材料制作）、切肉刀、大砍刀、开放式剃须刀和刀片（不是刀片置于卡槽中的安全型或一次性的剃须刀）、军刀、剑和手杖剑、解剖刀、剪刀（刀刃超过 6 cm；不超过 6 cm 的钝头或圆形端口的剪刀可允许）、滑雪、徒步/爬山用手杖、星状掷镖、可能被用作尖状/有刃武器的技工工具（如钻和钻头、开箱刀、多功能刀、各种锯条、螺丝刀、撬棍）、锤子、钳子、扳手/扳钳、喷灯。

第三类，钝头器械，如棒球和垒球棒、台球、斯诺克球和球杆、球棒或短棍（坚硬或弹性，如警棍、包革金属警棍和短棍）、板球球板、钓鱼竿、高尔夫球杆、冰球球杆、爱斯基摩划艇和独木舟划桨、长曲棍球球杆、武术器械（如指节铜套、棍棒、戒尺、带枷棍具、双节棍、护身棒）、滑板。

第四类，爆炸和易燃物质，如喷雾剂喷射涂料、酒精含量超过 70%（140°）的酒精饮料、弹药、起爆管、雷管和导火索、炸药和爆炸装置、烟火、各种形式的信号弹和其他烟火材料（包括聚会用的烟火和玩具枪的火药帽）、易燃液体燃料（如汽油、柴油、打火机燃料、酒精、乙醇）、气体和气体容器（如丁烷、丙烷、乙炔、氧气（大容量））、各种类型的手榴弹、地雷和其他军队储存的炸药、非安全火柴、仿真和仿造的炸药材料和装置、产生烟雾的小罐或容器、松脂和稀释剂。

第五类，化学和有毒物质，如酸和碱（如可溢漏的"湿"电池）、腐蚀或漂白物质（如汞、氯）、使人丧失能力或功能的喷剂（如梅斯催泪毒气、胡椒喷剂和催泪气体）、灭火剂、受污染或生物危险的材料（如受污染的血液、细菌和病毒）、能够自燃和燃烧的材料、毒药、放射性材料（如医用或商用同位素）。

第二节　常见物品的检查方法

学习本节要求掌握对常见物品进行检查的方法。

一、基本操作

1. 仪器、仪表的检查方法

对仪器、仪表通常进行 X 射线机透视检查，如 X 射线机透视不清，又有怀疑，可用看、掂、探、拆等方法检查。看仪器、仪表的外表螺丝是否有动过的痕迹，对家用电表、水表等可掂其重量来判断，对特别怀疑的仪器、仪表可以拆开检查，看里面是否藏有违禁物品。

2. 各种容器的检查方法

对容器进行检查时，可取出容器内的东西，采取敲击、测量的方法，听其发出的声音，分辨有无夹层，并测出容器的外高与内深、外径与内径的比差是否相符。如不能取出里面的东西，则可采用探针检查。

3. 各种文物、工艺品的检查方法

一般可采用摇晃、敲击、听等方法对文物及工艺品进行检查，摇动或敲击时，听其有无杂音或异物晃动声。

4. 容器中液体的检查方法

对液体的检查一般可采用看、摇、嗅、试烧的方法进行。看容器、瓶子是否有原始包装封口；摇液体有无泡沫(易燃液体经摇动一般产生泡沫且泡沫消失快)；嗅闻液体气味是否异常(酒的气味香浓，汽油、酒精、香蕉水的刺激性大)；对不能判别性质的液体可取少量进行试烧，但要注意安全。

知识 扩展

香蕉水

香蕉水(banana oil)又名天那水(thinner)，是无色透明易挥发的液体，有较浓的香蕉气味，微溶于水，能溶于各种有机溶剂，易燃，主要用作喷漆的溶剂和稀释剂。在许多化工产品、涂料、黏合剂的生产过程中也要用到香蕉水作溶剂。香蕉水的蒸气与空气可形成爆炸性混合物，遇明火、高热能引起燃烧爆炸。它与氧化剂可发生反应。流速过快时，容易产生和积聚静电。其蒸气比空气重，能在较低处扩散到相当远的地方，遇火源会着火回燃。若遇高热，容器内压增大，有开裂和爆炸的危险。

5. 骨灰盒等特殊物品的检查方法

对旅客携带的骨灰盒、神龛、神像等特殊物品，如 X 射线机检查发现有异常物品时，可征得旅客同意后再进行手工检查；在旅客不愿意通过 X 射线机检查时，可采用手工检查。

6. 衣物的检查方法

衣服的衣领、垫肩、袖口、兜部、裤腿等部位容易暗藏武器、管制刀具、爆炸物和其他违禁物品。因此，在安全检查中，对旅客行李物品箱(包)中的可疑衣物要用摸、捏、掂等方式进行检查。对冬装及皮衣、皮裤更要仔细检查，看是否有夹层，捏是否暗藏有异常物品，衣领处能暗藏一些软质的爆炸物品，掂重量是否正常。

天津国际机场安检查获旅客藏匿管制刀具事件

2012 年 6 月 6 日，天津滨海国际机场安检站检查员在对 GS6609 次航班进行检查时，从一名旅客的脚踝处查获管制刀具两把。

6 月 6 日下午 2 时，安检站旅检分部检查员在对 GS6609 次（天津—贵阳）航班旅客进行检查时，发现一名男性旅客的外套内有大量火石和瑞士军刀，且该旅客在待检时神情慌张，表情十分不自然。这一可疑情况立即引起检查员的高度警觉，并对该旅客进行从严检查，在检查至旅客双腿处时，检查员分别在其脚踝处各查获管制刀具一把。随后，检查员立即启动应急预案，控制该旅客及其所携带的物品，并及时移交机场公安机关进行进一步处理。

一直以来，天津机场安检站始终将保障广大旅客的生命及财产安全放在勤务工作的首要位置，坚持"抓流程、勤练兵"的工作理念，切实提高员工的勤务技能和应急处置能力，并多次成功处置扰乱民航安检秩序、危害空防安全的事件。

在此，天津安检也提醒广大旅客：管制刀具属于违禁物品，严禁随身携带和托运，请广大旅客自觉遵守民航局的相关规定，避免因携带违禁品而耽误乘机，为自己和他人的出行带来不便。

7. 皮带（女士束腰带）的检查

对皮带（女士束腰带）进行检查时，先看边缘缝合处有无再加工的痕迹，再摸带圈内是否有夹层。

8. 书籍的检查

书籍容易被人忽视，厚的书或者是捆绑在一起的书可能被挖空，暗藏武器、管制刀具、爆炸物和其他违禁物品，检查时，应将书打开翻阅检查，看书中是否有上述物品。

郑州新郑机场安检站对前往北京的一名旅客进行安检时，X 射线机图像中突然出现一把锯齿状管制刀具。当安检员询问时，该乘客不情愿地从包裹中取出一本杂志，刀具就装在杂志封面一个自制的夹层里。为了躲避 X 射线机检查，该旅客专门在杂志封皮上又覆盖了一层纸，将刀具装进夹层后，再用订书机将刀具固定好。但这最终还是逃脱不了安检人员的法眼。

9. 笔的检查

看笔的外观是否有异常，掂其重量是否与正常笔相符，按下笔身的开关或打开笔身查看是否改装成笔刀或笔枪。

齐齐哈尔机场安检站查获笔式刀一支

齐齐哈尔机场安检站安检人员在执行航班检查任务时，一名男子进入人检现场，随身行李包过 X 射线机检查时，看机检查员在显示图像的包内发现一把可疑小刀，立即通知箱（包）检查员，检查员在其包内查出金属笔一支，没有发现小刀，在打开笔时发现笔管内是一把刀，随后安检人员将该旅客移交现场执勤公安处理。

10. 雨伞的检查

雨伞的结构很特殊，有时会被劫机分子利用在伞骨、伞柄中藏匿武器、匕首等危险物品企图混过安全检查。在检查中，可用捏、摸、掂直至打开的方法对雨伞进行检查，并且要特别注意对折叠伞的检查。

一名要乘飞机从北京到成都的旅客，在雨伞中夹带一把刀具，结果被首都机场安检人员查获。在实施检查时，X 射线机屏幕上一个手提袋图像引起了安检人员的注意。这个手提袋中，除水果外还有一把雨伞，而雨伞的伞骨处似夹杂有异物。安检人员随即示意开包员锁定目标进行开包检查。安检人员请这名旅客取出雨伞并打开，一把银白色、刃长 8 cm 左右的水果刀掉落在检查台上，安检人员随即将此人和刀具一并移送候机楼派出所处理。

11. 手杖的检查

检查手杖时，可对手杖进行敲击，听其发声是否正常，并认真查看其外观是否被改成拐杖刀或拐杖枪。

隐藏式手杖刀

2011 年 4 月 4 日清明节期间，旅客流量增多，武汉天河国际机场安检站查获的各种违禁物品也相应增多。近日，机场安检人员就查获了一起"隐藏式手杖刀"。

4 月 4 日 1 时 30 分，旅检一部在执行当天武汉至广州的 CZ659 次航班的安全检查任务时，X 射线机操作员小陈发现过机的一把手杖图像异常，从图像观察木制的手杖内有金属条状物品，小陈通过仔细检查发现，手杖上方的雕花龙头可拧开，手杖把手下连接的一条刃长约 30 cm 的金属刀。由于旅客鲁某年过八旬，手杖为出行必备，并坚持随身携带，最后在安检人员的协助下，老人选择自弃杖内的金属刀刃，持"去刃"手杖顺利登机。

12. 玩具的检查

小朋友携带的玩具也有可能暗藏匕首、刀具和爆炸装置。对毛绒玩具检查时，通常要观察其外观，并用手摸查有无异物；对电动玩具检查时，可通电或打开电池开关进行检查；对有遥控设施的玩具检查时，看其表面是否有动过的痕迹，摇晃是否有不正常的声音，掂其重量是否正常，拆开遥控器检查电池，看是否暗藏危险品。

13. 整条香烟的检查

整条香烟、烟盒和其他烟叶容器一般都是轻质物品，主要看其包装是否有被重新包装的痕迹和掂其重量（每条香烟重量约为 300 g）来判断，对有怀疑的要打开包装检查。

14. 摄像机、照相机的检查

对一般类型的摄像机，可首先检查其外观是否正常，有无可疑部件，有无拆卸过的痕迹，重点检查带匣、电池盒（外置电源）、取景窗等部分，对有怀疑的可让旅客进行操作以查明情况。对较复杂的大型摄像机，可征得旅客的同意进行 X 射线机检查。如果里面没有胶卷，可以询问旅客是否可以打开照相机，也可以掂其重量来判断，如机内装有爆炸物，其重量会不同于正常照相机。对有怀疑的照相机可以按快门试拍来判断。

15. 收音机的检查

一般要打开收音机的电池盒盖，抽出接收天线，查看其是否藏匿有违禁物品。必要时，再打开外壳检查内部。

16. 录音机（便携式 CD 机）等的检查

检查录音机（便携式 CD 机）等物品时，应观察其是否能够正常工作，必要时可打开电池盒盖和带舱，查看是否藏有危险物品。

17. 手提电脑的检查

检查手提电脑的外观有无异常，掂其重量是否正常，必要时可请旅客将电脑启动，查看能否正常工作。对电脑的配套设备(如鼠标、稳压器等)也要进行检查。

18. 手机的检查

可用看、掂、开等方法对手机进行检查。要看手机外观是否正常，掂其重量是否正常，如藏匿其他物品会有别于正常手机。必要时可通过打开电池盒盖和开启/关闭手机开关等方法进行检查。

案例分享

防身电击器

北京首都机场安检人员在例行北京至深圳的航班检查中，从一名男旅客的手提包中检查出一支外观伪装成手机的电击器，该违禁品在首都机场露面还是第一次。在这名中年男旅客过检的行李包中发现有两部手机，其中一部外观极为怪异，通过 X 射线机图像判别其内部结构与普通手机有明显的不同。开机员遂示意开包员进行重点检查，发现"问题"手机外观看上去长约 14 cm，与老式手机没什么两样，只是一侧装有"OPRN"字样的开关按钮。按下按钮，该"手机"即会从顶部的"天线"和一侧的小孔处产生瞬间高压电流，并发出噼噼啪啪的响声。事后证实这是一支用于防身的电击器。

19. 乐器的检查

乐器都有发音装置，对弦乐器可采用拨(按)、听、看的方法，听其能否正常发音。对管乐器材可请旅客现场演示。

20. 口红、香水等化妆物品的检查

口红等化妆品易改成微型发射器，可通过掂其重量或打开进行检查。部分香水的外部结构在 X 射线机屏幕上所显示图像与微型发射器类似，在检查时观看瓶体说明并请旅客试用。

21. 粉末状物品的检查

粉末状物品性质不易确定，可取少许用纸包裹，然后用火点燃纸张；观察其燃烧程度

来判断是否属于易燃易爆物品。

半数毒品乘"机"而来　航空成走私主要渠道

　　深圳市检察院公布近3年来的走私毒品犯罪情况:从2009年以来的近3年时间里,深圳市人民检察院共受理海关缉私部门提请审查批准逮捕的走私毒品案件134件,共170人。其中,机场海关共61件,占所有案件的近一半。

　　2011年9月的一天,外国人森德敖其尔(译名)等6人在深圳某酒吧内认识了一名外籍男子,该男子提出让他们前往马来西亚,以吞服方式走私毒品到中国,事后支付每人3 000美元报酬,森德敖其尔等6人协商后表示同意。

　　随后,森德敖其尔等6人按照另外一人的指示,在马来西亚吉隆坡某处各自将藏有毒品海洛因的橄榄状胶囊吞入腹内,然后搭乘AK88航班抵达深圳,在深圳宝安国际机场入境时被中国海关查获。

　　森德敖其尔等6人共排出毒品海洛因共计261颗,净重3 071 g。其中体内藏毒最多的一个人,共排出90颗内容物为毒品海洛因的橄榄状胶囊,净重948 g,纯度为28.98%。

　　为什么通过机场海关走私毒品案件的数量这么高呢?深圳市检察机关负责走私犯罪批捕工作的市检察院侦查监督二处负责人向记者介绍,这是由犯罪嫌疑人的主体身份特点决定的。

　　"东南亚以马来西亚、泰国为主,非洲以尼日利亚、坦桑尼亚等国为主,走私分子从这些国家携带毒品入境,只能选择航空渠道。"深圳市检察院侦查监督二处检察员但莉说,"他们的犯罪手法主要是在箱(包)夹层中夹藏毒品,如犯罪嫌疑人维吉金达(译名)等两人持泰国护照从曼谷飞抵深圳,从机场海关走无申报通道入境,在两人行李箱内所携带的三本书刊前后封面内夹藏有六包灰色颗粒状粉末,经鉴定是毒品海洛因,被机场海关工作人员现场查获。3年来,我们批捕的走私毒品案件中,有49件是行李夹藏的。"

　　"通过航空快件走私毒品的现象也要引起重视。"深圳市检察院侦查监督二处副处长介绍说:"近3年来,国外走私分子通过快件走私毒品的共发案12件,其中2009年是两件,近两年是10件。快件走私毒品案件,不仅对海关缉私部门来说是难点,对检察机关来说,也有一定的办案压力。"

　　航空快件走私毒品,几乎全部由国外走私分子控制,他们通过QQ交友、微信等方式,与中国人建立关系,通过一段交往后,以自己在中国的朋友地址不确定等理由,请求代收快件。代收人收到夹藏有毒品的快件被查获后,往往拒不认罪,以不知道快件内容为借口,且说不出邮寄人的具体情况,因此证据难以收集。

22. 食品的检查

对罐、袋装的食品的检查，应掂其重量看是否与罐、袋体所标注重量相符，并看其封口是否有被重新包装的痕迹。觉察该物可疑时，可请旅客自己品尝。

23. 小电器的检查

诸如电吹风机、电动卷发器、电动剃须刀等小型电器可通过观察外观、开启电池盒盖、现场操作等方法进行检查。对于钟表要检查表盘的时针、分针、秒针是否正常工作，拆开其电池盒盖查看是否被改装成钟控定时爆炸装置。

24. 对鞋的检查

可以采用看、摸、捏、掂等检查方法来判断鞋中是否藏有违禁物品。看，是观看鞋的外表与鞋的内层；摸，是用手的触感来检查鞋的内边缘等较为隐蔽之处，检查是否有异常；捏，是通过手的挤压感来进行判断；掂，是掂鞋的重量是否与其正常重量相符。必要时可通过 X 射线机进行检查。

二、相关知识

1. 开箱(包)检查的重点对象(重点物品)

第一，用 X 射线机检查时，图像模糊不清无法判断物品性质的。

第二，用 X 射线机检查时，发现似有电池、导线、钟表、粉末状物品、液体状物品、枪弹状物品及其他可疑物品的。

第三，X 射线机图像中显示有容器、仪表、瓷器等物品的。

第四，照相机、收音机、录音录像机及电子计算机等电器。

第五，携带者特别小心或时刻不离身的物品。

第六，乘机者携带的物品与其职业、事由和季节不相适应的。

第七，携带者声称是帮他人携带或来历不明的物品。

第八，旅客声明不能用 X 射线机检查的物品。

第九，现场表现异常的旅客或群众揭发的嫌疑分子所携带的物品。

第十，公安部门通报的嫌疑分子或被列入查控人员所携带的物品。

第十一，旅客携带的密码箱(包)进入检查区域发生报警的。

2. 开箱(包)检查的要求及注意事项

第一，开箱(包)检查时，物主必须在场，并请物主将箱(包)打开。

第二，检查时要认真细心，特别要注意重点部位，如箱(包)的底部、角部、外侧小兜，并注意发现有无夹层。

第三，没有进行托运行李流程改造的要加强监控措施，防止已查验的行李箱（包）与未经安全检查的行李相调换或夹塞违禁（危险）物品。

第四，对旅客的物品要轻拿轻放，如有损坏，应照价赔偿。检查完毕，应尽量按原样放好。

第五，开箱（包）检查发现危害大的违禁物品时，应采取措施控制住携带者，防止其逃离现场，并将箱（包）重新经 X 射线机检查，以查清是否藏有其他危险物品，必要时将其带入检查室彻底清查。

第六，若旅客申明所携带物品不宜接受公开检查时，安检部门可根据实际情况，避免在公开场合检查。

第七，对开箱（包）的行李必须再次经过 X 射线机检查。

第三节　开箱（包）检查中危险品和违禁品的处理

学习本节要求能够处理枪支、弹药、管制刀具、军警械具等违禁物品，也能够处理走私物品、淫秽物品、毒品、赌具、伪钞、反动宣传品，以及能够处理含有易燃物质的日常生活用品。

一、相关要求及规定

在旅客运输活动中，因为旅客随身携带或者在行李中夹带违禁物品或者易燃、易爆、有毒、腐蚀性等危险品而导致严重后果的例子并不少见。为了维护运输秩序，确保旅客的人身安全及运输工具和其他财产的安全，合同法规定，旅客不得随身携带或者在行李中夹带易燃、易爆、有毒、有腐蚀性、有放射性以及有可能危及运输工具上人身和财产安全的危险物品或者其他违禁物品。这里的危险物品是指危及人身安全和财产安全的物品，具体指易燃、易爆、有毒等物品，如烟花爆竹、炸药等。这里的违禁物品是指有可能对国家利益和整体社会利益造成影响的物品，如枪支、毒品等。

在旅客运输中，旅客在登上运输工具之前，承运人一般都要对旅客进行安全检查，以防止旅客把危险物品或者违禁物品带上运输工具。对于旅客违反规定把危险物品或者违禁物品带上了运输工具的行为，《合同法》规定，承运人可以将违禁物品卸下、销毁或者送交有关部门。旅客坚持携带或者夹带违禁物品的，承运人应当拒绝运输。在承运人将危险物品或者违禁物品卸下、销毁或者送交有关部门的情况下，承运人可以不负赔偿责任。同时如果旅客由于违反《合同法》的规定对其他旅客的人身和财产或者对承运人的财产造成损害的，旅客还应当负赔偿责任。

二、基本操作

(1) 对查出非管制刀具的处理。

刀长超过 6 cm 的非管制刀具不准随身携带，可准予托运。

国际航班如有特殊要求，经民航主管部门批准，可按其要求进行处理。

(2) 对查出的走私物品、淫秽物品，毒品、赌具、伪钞、反动宣传品等的处理。

对检查中发现走私物品的，移交海关处理。

对查出的淫秽物品、毒品、赌具、伪钞、反动宣传品等，应做好登记并将人和物移交机场公安机关依法处理。

(3) 对携带含有易燃物质的日常生活用品的处理。

对含有易燃物质的日常生活用品，实行限量携带。具体品名、数量见《中国民用航空安全检查规则》及总局相关最新规定。对医护人员携带的抢救危重病人所必需的氧气袋等凭医院的证明可予以检查放行。

案例分享

2011 年 12 月 31 日，兰州中川机场安检部门在执行旅客托运行李安全检查任务时，认真负责的安检人员从一个纸箱子里查出两瓶用矿泉水瓶子装的香蕉水，有效地预防了一起易燃液体登机事件的发生。

据机场工作人员介绍：12 月 31 日上午 7 点 50 分，安检室开机员章振东在对由兰州飞往西安的 HU7825 次航班托运行李进行 X 射线机透视安全检查时，发现一个纸箱子内有两个矿泉水瓶子，显示的图像特征异常，这引起了他的怀疑，遂通知开箱(包)检查员史学理对这件行李进行开箱(包)检查。这时旅客邵某某已经离开了值机柜台，史学理通过广播室将邵某某叫回了值机柜台，在向其询问箱子内装的液体是什么东西时，该旅客含糊其辞地说没什么，后又改口说是指甲油，这引起了安检员的警觉，便要求该旅客打开纸箱接受检查，该旅客很不情愿地打开了纸箱，并且坚持说是指甲油。史学理把两只瓶子拿出来打开一闻，发现有浓浓的香蕉水味道。香蕉水属于高度易燃液体，且其蒸气与空气形成爆炸性混合物遇着明火或高热能会引起燃烧爆炸。为确保航空安全，这类物品是不允许带入客舱或者是装入航空器的。眼见安检员识破了瓶内物品的性质，邵某某才承认装的是香蕉水。

鉴于此，兰州中川机场安检部门立即按照工作方案将该旅客以及两瓶香蕉水移交机场公安值班民警审查处理。后经公安审理查明，该旅客是一名油漆工，携带香蕉水是为了干活方便，而香蕉水又不是随便就能买到的，便心存侥幸地想放在托运行李里不会被查出来，没料到还是被查了出来。

第四节　暂存和移交的办理

学习本节要求掌握办理暂存、移交的程序和可以办理暂存、移交物品的范围，并要求能够正确填写暂存、移交物品单据。

一、基础知识

（一）移交的定义

移交是指安检部门在安全检查工作中遇到的问题按规定移交给各有关部门，大体分为移交公安机关、移交其他有关部门和移交机组三方面。

1. 移交公安机关

安检中发现对可能被用来劫（炸）机的武器、弹药、管制刀具以及假冒证件等，应当连人带物移交所属民航机场公安机关审查处理。移交时，应填写好移交清单，相互签字并注意字迹清晰，不要漏项。

2. 移交其他有关部门

对在安检中发现的被认为是走私的黄金、文物、毒品、淫秽物品、伪钞等，应连人带物移交相应的有关部门审查处理。

3. 移交机组

旅客携带《民航旅客限制随身携带或托运物品名录》所列物品来不及办理托运，按规定或根据航空公司的要求为旅客办理手续后移交机组带到目的地后交还。

（二）暂存的定义

对旅客携带的限量物品的超量部分，安检部门可予以定期暂存。办理暂存时，要开具单据并注明期限，旅客凭单据在规定期限内领取。逾期不领者，视为放弃物品，按有关规定处理。

二、基本操作

（一）办理暂存、移交的程序

当检查员将旅客及其物品带至移交台后，移交员根据相关规定为旅客不能随身带上飞机的物品办理暂存、移交手续。

暂存、移交物品的范围及处理情况包括以下几种。

1. 禁止旅客随身携带或者托运的物品

(1) 勤务中查获的禁止旅客随身携带或托运的物品,如枪支、弹药、警(军)械具类、爆炸物品类、管制刀具、易燃易爆物品、毒害品、腐蚀性物品、放射性物品、其他危害飞行安全的物品等国家法律、法规禁止携带的物品移交机场公安机关处理,并做违禁物品登记。

(2) 对于旅客携带的少量医用酒精,移交员可请旅客将酒精交给送行人带回或自行处理。如果旅客提出放弃,移交员将该物品归入旅客自弃物品回收箱(筐)中。

2. 禁止旅客随身携带但可作为行李托运的物品

(1) 勤务中查获的禁止旅客随身携带但可作为行李托运的物品,如超长水果刀、大剪刀、剃刀等生活用刀,手术刀、雕刻刀等专业刀具,剑、戟等文艺表演用具;斧、凿、锥、加重或有尖的手杖等危害航空安全的锐器、钝器等,移交员应告知旅客可作为行李托运或交给送行人员,如果来不及办理托运,可为其办理暂存手续。办理暂存手续时,移交员要向旅客告知暂存期限为 30 日,如果超过 30 日无人认领,将不再为其保存。

(2) 填写"暂存物品登记表"。

(3) 国际航班的移交员还可根据航空公司的要求为旅客办理移交机组手续。填写"换取物品单据",并告知旅客下飞机时凭此单据向机组索要物品。

(4) 如果旅客提出放弃该物品,移交员将该物品放入旅客自弃物品回收箱(筐)中。

3. 旅客限量随身携带的生活用品

(1) 勤务中查获的需限量随身携带的生活用品,如摩丝、香水、杀虫剂、空气清新剂等,移交员可请旅客对超量部分送交送行友人带回或自行处理。对打火机、火柴等随身点火装置,按照民航总局公安局 2008 年 4 月的规定,禁止携带。对于携带的酒类物品,移交员可建议旅客交送行友人带回、办理托运或捐献。

(2) 如果旅客提出放弃,移交员将该物品放入旅客自弃物品回收箱(筐)中。

知识 扩展

2008 年 4 月,中国民用航空总局下发了相关规定,具体如下。

(1) 乘坐国内航班的旅客一律禁止随身携带液态物品,但可办理交运;其包装应符合民航运输有关规定。

(2) 旅客携带少量旅行自用的化妆品,每种化妆品限带一件,其容器容积不得超过100 ml,并应置于独立袋内,接受开瓶检查。

（3）来自境外需在中国境内机场转乘国内航班的旅客，其携带入境的免税液态物品应置于袋体完好无损且封口的透明塑料袋内，并需出示购物凭证，经安全检查确认无疑后方可携带。

（4）有婴儿随行的旅客，购票时可向航空公司申请，由航空公司在机上免费提供液态乳制品、糖尿病患者或其他患者携带必需的液态药品，经安全检查确认无疑后，交由机组保管。

（5）乘坐国际、地区航班的旅客，其携带的液态物品仍执行中国民用航空总局 2007 年 3 月 17 日发布的《关于限制携带液态物品乘坐民航飞机的公告》中有关规定。

（6）旅客因违反上述规定造成误机等后果的，责任自负。

4. 查获物品

勤务中查获的毒品、文物、国家保护动物、走私物品等移交机场公安机关处理。对于国际（地区）出港航班旅客，应交海关或检疫部门处理。

5. 旅客（工作人员）丢失的物品

（1）由捡拾人与移交员共同对捡拾物品进行清点、登记。

（2）捡拾物品在当日未被旅客取走的则上交机场派出所失物招领处，并取回公安机关开具的回执。

6. 每天在勤务结束后对相关物品的处理

移交员将暂存物品、旅客自弃物品及"暂存物品登记表"上交值班员兼信息统计员。

7. 值班员兼信息统计员应做的工作

（1）对移交员上交来的暂存物品进行清点、签收，并保留"暂存物品登记表"。

（2）值班员兼信息统计员还要负责将暂存物品按日期分类，分别放置在相应的柜层中，以备以后旅客提取暂存物品时方便查找。

（3）负责对旅客自弃物品收存。

8. 暂存物品的领取及处理

（1）旅客凭"暂存物品收据"联在 30 日内领取暂存物品。物品保管员根据"暂存物品收据"上的日期、序列号找到旅客的暂存物品，经确认无误后返还领取人。同时，物品保管员将旅客手中的"暂存物品收据"联收回。

（2）对于 30 日内无人认领的暂存物品将其统一收存，再延长 7 日存放期，7 日后若仍无人认领则视同无人认领物品上交处理。对于已经返还的暂存物品，则在"暂存物品登记表"上注销．并将暂存表同无人认领物品一并上交。

（3）旅客自弃的物品定期回收处理。

（二）暂存，移交物品单据的填写和使用

1. 暂存物品单据的使用和填写

暂存物品是指不能由乘机旅客自己随身携带，旅客本人又不便于处置的物品。暂存物品单据是指具备物主姓名、证件号码、物品名称、标记、数量、新旧程度、存放期限、经办人和物主签名等项目的一式三联的单据。

在开具单据时必须按照单据所规定的项目逐项填写，不得漏项，一式三联，第一联留存，第二联交给旅客；第三联贴于暂存物品上以便旅客领取。安检部门收存的暂存物品应设专人专柜妥善保管，不得丢失。

暂存单据有效期限一般为 30 日，逾期未领者，视为自动放弃物品，由安检部门酌情处理。暂存物品收据如图 7 - 1 所示。

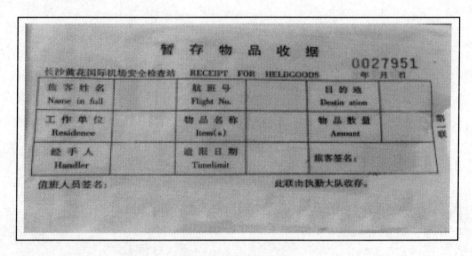

图 7 - 1　暂存物品收据

2. 移交物品单据的使用和填写

移交单据是指具有旅客姓名、证件号码、乘机航班、乘机日期、起飞时间、旅客座位号、始发地、目的地、物品名称、数量、经办人、接收人等项目的一式三联的单据。安检部门在检查工作中遇有问题移交时，需要填写三联单，让接收人签名后，将第一联留存，第二联交给旅客，第三联交接收人。移交单据应妥善保管，以便存查。

对旅客遗留的物品，要登记清楚钱、物的数量、型号、日期，交专人妥善保管，方便旅

客认领。

对旅客自弃的物品，安检部门要统一造册，妥善保管，经上级领导批准作出处理。

 思考与练习

1. 简述开箱(包)检查的操作步骤。

2. 简述开箱(包)检查的要求及注意事项。

3. 开箱(包)检查的常用方法。

4. 列出五个以上常见物品的检查方法。

5. 属于暂存、移交范围的物品包括哪些?

6. 简述暂存、移交单据的填写和使用。

第八章　机场联检

 **学习**目标

　　了解海关对入出境物品管理的规定，了解边防检查主要证件（护照和签证）的基本知识，了解动植物检疫的相关规定。能判断旅客携带物品是否符合海关对出入境物品的相关规定，掌握边防检查的内容和程序。

　　联检是指由口岸单位对出入境行为实施的联合检查，包括海关检查、边防检查、检验检疫三个部分。

第一节　海　关

　　中华人民共和国海关是国家的进出关境监督管理机关，是依据本国（或地区）的法律、行政法规行使进出口监督管理职权的国家行政机关。

　　依照《中华人民共和国海关法》等有关法律、法规，中国海关主要承担四项基本任务：监管进出境的运输工具、货物、行李物品、邮递物品和其他物品；征收关税和其他税费；查缉走私；编制海关统计和办理其他海关业务。根据这些任务主要履行通关监管、税收征管、加工贸易和保税监管、海关统计、海关稽查、打击走私、口岸管理七项职责。

一、进出境旅客通关

　　进出境旅客通关是进出境旅客向海关申报，海关依法查验行李物品并办理进出境物品征税或免税验放手续，或其他有关监管手续的总称。

　　旅客通关应遵循的基本原则如下：

　　（1）根据《中华人民共和国海关法》和其他有关法规的规定，向海关办理申报手续的进出境旅客通关时，应首先在申报台前向海关递交"中华人民共和国海关进出境旅客行李物品申报单"或海关规定的其他申报单证，如实申报其所携运进出境的行李物品。

　　（2）申报手续应由旅客本人填写申报单证向海关办理，如委托他人办理，应由本人在

申报单证上签字。接受委托办理申报手续的代理人应当遵守本规定对其委托人的各项规定，并承担相应的法律责任。

（3）在海关监管场所，海关在通道内设置专用申报台供旅客办理有关进出境物品的申报手续。

经中华人民共和国海关总署批准实施双通道制的海关监管场所，海关设置"申报"通道（又称"红色通道"）和"无申报"通道（又称"绿色通道"）供进出境旅客依本规定选择。不明海关规定或不知如何选择海关通道的旅客，应选择"红色通道"通关。

（4）持有中华人民共和国政府主管部门给予外交、礼遇签证的进出境非居民旅客和海关给予免验礼遇的其他旅客，通关时应主动向海关出示本人护照（或其他有效进出境证件）和身份证件。

二、入出境物品的管理

1. 禁止入境物品

（1）各种武器、仿真武器、弹药及爆炸物品。

（2）伪造的货币及伪造的有价证券。

（3）对中国政治、经济、文化、道德有害的印刷品、胶卷、唱片、照片、影片、录像带、录音带、激光视盘、计算机存储介质及其他物品。

（4）各种烈性毒药。

（5）鸦片、吗啡、海洛因、大麻以及其他使人成瘾的麻醉品、精神药物。

（6）带有危险性病菌、害虫及其他有害生物的动物、植物及其产品。

（7）有碍人畜健康的、来自疫区的以及其他能传播疾病的食品、药品或其他物品。

2. 禁止出境的物品

（1）列入禁止入境范围的所有物品。

（2）珍贵文物及其他禁止出境的文物。

（3）濒危的和珍贵的动物、植物及其种子和繁殖材料。

（4）内容涉及国家机密的手稿、印刷品、胶卷、照片、唱片、影片、录像带、录音带、激光视盘、激光唱盘、计算机存储介质及其他物品。

3. 部分物品限制入出境的规定

1）金银及其制品

（1）海关对旅客携带进境的金银及其制品的验放规定。

旅客带进黄金及其制品应以自用、合理数量为限。进境时应当向海关申报，经海关核准予以免税放行。超出自用、合理数量带进的黄金及其制品，视同进口货物，须凭中国人民银行总行的批件，依照《中华人民共和国海关进出口税则》，予以征税放行。

（2）海关对旅客携带出境的金银及其制品的验放规定。

海关核准进境的金银及其制品，可以留在境内；如需复带出境，海关凭原入境时的旅客行李申报单登记的数量、重量查验放行；凡入境时未向海关申报登记或者超过原入境时申报登记数量的，不许出境。

入境旅客用带进的外汇在中国境内指定的商店购买的金银首饰，包括镶嵌饰品、器皿等新工艺品，携带、托运、邮寄出境，海关凭境内经营金银制品的指定商店出具的由中国人民银行统一制发的特种发货票查核放行，不能提供特种发货票的，不许邮寄、携运出境。

旅客因出访、探亲、旅游等目的出境，以及前往国外或者港澳地区工作和学习的，其佩戴的自用金银饰品，在海关规定的数量范围内，准予放行。超出规定限额的，海关凭银行出具的携带金银出境许可证，查验放行。不能提供携带金银出境许可证的，不许携带出境。

凡隐瞒不报或者用其他方法逃避海关监管的，未经批准擅自进口的，海关依照《海关法》和《海关行政处罚实施条例》的有关规定处理。

2）货币及有价证券

（1）海关对国家货币出入境的验放规定。

旅客携带国家货币出入境，应当按照国家规定向海关如实申报。中国公民出入境、外国人入出境，每人每次携带的人民币限额为 20000 元。携带上述限额内的人民币出入境，在实行双通道制度的海关现场，可选择"无申报通道"通关；超出限额的，应选择"申报通道"向海关办理有关手续，海关予以退运，不按规定申报的，海关予以处罚。

依据规定，不得在邮件中夹带国家货币出入境。不得擅自运输国家货币出入境。违反国家规定运输、携带、在邮件中夹带国家货币出入境的，由国家有关部门依法处理；情节严重，构成犯罪的，由司法机关依法追究刑事责任。

（2）海关对外币及外币票据的验放规定。

旅客携带外币现钞入境，超过等值 5000 美元应当向海关书面申报，出境时携带不超过等值 5000 美元外币现钞出境，无须申领携带外汇出境许可证，海关凭其最近一次入境时的外币现钞申报数额记录验放；超出规定限额的，应向银行或国家外汇管理局申领携带外汇出境许可证，海关凭盖有"银行携带外汇出境专用章"和"国家外汇管理局携带外汇出境核准章"的携带外汇出境许可证放行。当天多次往返及短期内多次往返者除外。

15 天内多次往返或当天多次往返旅客，携带外币现钞入境须向海关书面申报，出境时海关凭最近一次入境时的申报外币现钞数额记录验放。没有超过最近一次入境申报外币现钞数额记录的，15 天内或当天首次出境时可携带不超过等值 5000 美元（含 5000 美元）的外币现钞出境，不需申领携带证，海关予以放行，携带金额在等值 5000 美元以上的，海关不予放行。15 天内第二次及以上出境时，可携带不超过等值 1000 美元（含 1000 美元）的外币现钞出境，不需申领携带证，海关予以放行，携带金额超过等值 1000 美元的，海关不予放行。当天内第二次及以上出境时，可携带不超过等值 500 美元（含 500 美元）的外币现钞出境，不需申领携带证，海关予以放行，携带金额超过等值 500 美元的，海关不予放行。

旅客携带外币票据（包括人民币旅行支票、旅行信用证等人民币外汇票证），可自由进出境。

案例分析

旅客超量携带宗教印刷品入境

2008 年 8 月 17 日昆明海关在对 4 名美籍旅客携带入境物品查验时，发现其携带 315 本中文版《圣经》未向海关申报。上述数量明显超出自用合理数量范围，且当事人无法出示批准进境有关证明。

海关对超出自用合理数量的宗教印刷品进行代保管处理，要求其取得相关批准证明后再行办理海关通关手续，或在规定时限内办理物品的退运手续。

我国海关对个人携带、邮寄进境的宗教印刷品及音像制品在自用、合理数量范围内的，准予进境。根据国家宗教事务局发布的《宗教事务方面部分行政许可项目实施细则》第四项"外国人携带用于宗教文化学术交流（超出自用数量）的宗教用品入境审批"第六条规定："自用数量的范围指每种 1 至 3 个基本单位（本、册、盒等）。"4 名旅客携带的《圣经》已经明显超过了规定的数量。

根据《中华人民共和国海关进出境印刷品及音像制品监管办法》第十条规定，超出个人自用、合理数量进境或以其他方式进口的宗教类印刷品及音像制品，海关凭国家宗教事务局、其委托的省级政府宗教事务管理部门或者国务院其他行政主管部门出具的证明予以征税验放。无相关证明的，海关按照《中华人民共和国海关行政处罚实施条例》第二十条规定，运输、携带、邮寄国家禁止进出境的物品进出境，未向海关申报但没有以藏匿、伪装等方式逃避海关监管的，予以没收，或者责令退回，或者在海关监管下予以销毁或者进行处理。

昆明海关依法对当事人作出解释说明，但 4 名旅客仍拒绝在"海关代保管物品凭单"上签字，并拒绝离开海关监管现场。经过海关工作人员的耐心解释与劝说，8 月 18 日 17 时 50 分，该 4 名旅客按照海关有关规定办理了通关手续，离开海关监管现场。

第二节　边　防

出入境边防检查是为了保卫国家的主权和安全，通过设在对外开放口岸的边防检查机关依法对出入境人员、交通运输工具及其携带、载运的行李物品、货物等实施检查、监督的一项行政管理活动。

一、出入境边防检查机关的职权

（1）阻止出境、入境权。对于国家出入境管理和边防检查法律、法规规定的不准出境入境的各类人员，边防检查机关有在通行口岸阻止其出境、入境行为的职权。

（2）扣留或者收缴出境、入境证件权。在被阻止出境、入境的人员中，有几种情形情节比较严重（或具有欺骗性质，或根本不允许出境、入境），为防止其继续使用现有证件进行非法出入境活动，边防检查机关有扣留、收缴其出境、入境证件的职权。

（3）限制出境、入境人员活动范围权。对于应予阻止出境、入境的各种嫌疑人，为将情况调查清楚或将其移送有关机关处理，边防检查机关有权对其活动范围进行暂时的限制。

（4）出入境枪支弹药管理权。边防检查机关有对出入境枪支弹药的管理权，主要内容是为出境、入境、过境旅客携带或者托运的枪支弹药办理携带、托运手续，或进行口岸封存。为出境、入境交通运输工具携带的枪支弹药办理加封存、启割手续。

（5）口岸警戒权。为维护出入境秩序，边防检查机关对口岸限定的区域，有施行警戒的职权。

（6）行政处罚权。

① 对违反出入境边防检查法规的处罚。对于违反《出境入境边防检查条例》有关规定的人员，按《出境入境边防检查条例》规定的适用条款处罚。

② 对违反国家出入境管理法律和其他出入境管理法规的处罚。对触犯国家出入境管理法律或其他出入境管理法规的边防检查机关应根据有关法律、法规的授权依适用条文进行处罚。

③ 对违反口岸管理制度的处罚。

（7）追究刑事责任权。对于违反《出境入境边防检查条例》情节严重构成犯罪的人员，以及在边防检查过程中发现的叛国外逃、偷越国（边）境、破坏国界标志、走私贩毒、私运违禁物品等与本职工作有关的犯罪案件的行为人，有权追究其刑事责任。

二、出入境证件检查

公安边防检查部门依据《出境入境边防检查条例》代表国家行使入出境管理。对外国人、港澳同胞、台湾同胞、海外侨胞，中国公民因公、因私入出境进行严格的证件检查。

外国人来中国，应当向中国的外交代表机关、领事机构或者外交部授权的驻外机关申请办理签证（互免签证的除外）。除签证上注明入、出境口岸的外，所有入出境人员，可从全国开放口岸入出境。

外国人到达中国口岸后，要接受边防检查站的检查。填写入境登记卡，交验本人的有效护照或者其他出境、入境证件（以下简称出境、入境证件），经查验核准后，加盖入境验讫章，收缴入境登记卡后方可入境。

以下介绍一些关于护照、签证和其他常见证件的基础知识。

1. 护照

护照（passport）是一个国家的公民出入本国国境和到国外旅行或居留时，由本国发给的一种证明该公民国籍和身份的合法证件。护照一词在英文中是口岸通行证的意思。也就是说，护照是公民旅行通过各国国际口岸的一种通行证明。所以，世界上一些国家通常也颁发代替护照的通行证件。

1）护照种类

中国的护照分为外交护照、公务护照和普通护照。普通护照又分因公普通护照和因私普通护照。还有香港特别行政区护照和澳门特别行政区护照。

（1）外交护照一般是颁发给具有外交身份的人员使用的护照。如外交官员、领事官员和到外国进行国事活动的国家元首、政府首脑、国会或政府代表团成员等，都使用外交护照。根据国际惯例，上述人员的配偶和未成年子女，一般也发给外交护照。

（2）公务护照是发给国家公务人员的护照，也有的国家称这种供政府官员使用的护照为"官员护照"。此外，各国都把这种护照发给驻外使（领）馆中的不具有外交身份的工作人员及其配偶和成年子女。

（3）普通护照。

① 因公普通护照主要发给中国国营企业、事业单位出国从事经济、贸易、文化、体育、卫生、科学技术交流等公务活动的人员，公派留学、进修人员，访问学者及公派出国从事劳务的人员等。

② 因私普通护照发给定居、探亲、访友、继承遗产、自费留学、就业、旅游和其他因私人事务出国和定居国外的中国公民。

2）护照的内容

护照本身的内容，各个国家都比较相近。封面印有国徽和国名的全称及护照种类的名称，封底都印有使用护照的注意事项，封里一般都印有"请各国军政机关对持照人予以通行的便利和必要的协助"等字样。

3）电子普通护照

2012年5月15日，我国电子普通护照正式启用，这标志着我国公民的国际旅行证件进入全数字化时代。

电子普通护照第一页有持照人的护照号码、姓名、性别、国籍、出生日期、出生地点、签发日期、签发地点、有效期至、签发机关及持照人签名等，并贴有执照人照片。

电子普通护照与旧版护照对比有较大差别，具体体现如下：

① 电子普通护照在封面的底部位置增加了一个电子芯片图标。

② 旧版护照第一页有持照人身份证信息，而电子普通护照第一页无身份证信息。

③ 旧版护照共有 32 页内页；电子普通护照内页为 48 页，增加多页签证页，并且增加了一页应急资料，该页内容包括持照人血型、亲友姓名、住址及电话等。

④ 内页背景图有巨大变化。电子普通护照采用了以"辉煌中国"为主题的图案元素，并采用常光、荧光、水印三种形式表现。其中，常光和荧光表现的是我国 31 个省、自治区、直辖市以及港澳台各地标志性景观，而水印是我国 56 个民族的人物形象。

⑤ 电子普通护照的编号由原来的 G 开头编码变为了 E 开头编码，并采用激光穿孔技术，提高了防伪能力。

⑥ 电子普通护照的芯片放在最后一页，芯片里储存了持照人的数字化个人资料，包括姓名、性别、出生日期、出生地等基本信息，还有护照有效期、签发日期、签发地等资料，还加入了相貌、指纹、虹膜等持照人的生物特征。

4）护照的有效期限

护照有一定的有效期限，各个国家所规定的有效期限不同。

我国的外交护照和公务护照有效期不超过五年。公务护照和因公普通护照分为一次有效和多次有效两类。多次有效护照的有效期为五年，是发给在一定时期内需要多次出入我国国境的人员；一次有效护照的有效期为两年，是发给在一定时期内一次出入我国国境的人员。一次有效因公普通护照和一次有效公务护照满两年后，如有需要，可在国（内）外按规定手续申请延期一次。延长期限根据需要决定，但最长不得超过两年。一次有效因公普通护照的标志是护照的扉页在护照号码前有"Y"字样；在第 4 页上方有"……持照人在护照有效期内可出入中国国境一次"字样。

我国的因私普通护照有效期为 10 年。有效期为五年的护照，过期前可申请延期两次，每次不超过五年。申请延期应在护照有效期满前办理。在国内延期手续可到各级颁发护照的机关办理；在国外，由中国驻外国的外交代表机关、领事机关或者外交部授权的其他驻外机关办理。

2007 年 1 月 1 日开始，我国的护照不再办理延期的手续，改为直接换领新的护照。香港特别行政区护照有效期为 10 年。

5）护照使用的注意事项

（1）护照为重要身份证件，应妥为保存使用，不得损毁、涂改、转让。

（2）颁发护照和护照延期、加注及换发、补发由省、自治区、直辖市公安厅（局）及授权的公安机关和中华人民共和国驻外国的外交代表机关、领事机关或者外交部授权的其他驻外机关办理。

（3）已经在外国定居的公民要及时向中国驻外国的外交代表机关、领事机关办理加注手续。

（4）护照遗失应立即向当地公安机关或者中国驻外国的外交代表机关、领事机关报告。

2. 签证

签证（visa）是一个国家的主权机关在本国或外国公民所持的护照或其他旅行证件上的签注、盖印，以表示允许其出入本国国境或者经过国境的手续，也可以说是颁发给他们的一项签注式的证明。概括地说，签证是一个国家的出入境管理机构（例如移民局或其驻外使领馆），对外国公民表示批准入境所签发的一种文件。

签证是一个主权国家为维护本国主权、尊严、安全和利益而采取的一项措施，是一个主权国家实施出入本国国境管理的一项重要手段。

签证一般都签注在护照上，也有的签注在代替护照的其他旅行证件上，有的还颁发另纸签证。如美国和加拿大的移民签证是一张 A4 大的纸张，新加坡对外国人也发一种另纸签证，签证一般来说须与护照同时使用，方有效力。

1）签证的种类

（1）根据出入境情况可分为：出境签证、入境签证、出入境签证、入出境签证、再入境签证和过境签证等六种类别。出境签证只许持证人出境，如需入境，须再申办入境签证。入境签证即只准许持证人入境，如需出境，须再申办出境签证。出入境签证的持证人可以出境，也可以再入境。多次入出境签证的持证人在签证有效期内可允许入出境。

（2）根据出入境事由常规可分为：外交签证、公务签证、移民签证、非移民签证、礼遇签证、旅游观光签证、工作签证、留学签证、商务签证以及家属签证等。每个国家情况不一样。

（3）根据时间长短分为：长期签证和短期签证。长期签证的概念是在前往国停留 3 个月以上，申请长期签证不论其访问目的如何，一般都需要较长的申请时间。在前往国停留 3 个月以内的签证称为短期签证，申请短期签证所需时间相对较短。

（4）依据入境次数可分为：一次入境和多次入境签证。

（5）依据使用人数可分为：个人签证和团体签证。

（6）依据为持有人提供的方便有：另纸签证、落地签证等。

（7）依据申请人的入境目的，签证可分为移民签证和非移民签证。获得移民签证的，是指申请人取得了前往国的永久居留权，在居住一定时期后，可成为该国的合法公民。而非移民签证则可分为商务、劳务、留学、旅游、医疗等几种。

（8）按签证式样可分为：印章式签证及粘贴式签证。

（9）其他常见的签证。

① 返签证。返签证是由邀请方为来访人员在前往国国内的出入境管理部门办好签证批准证明，再连同申请人的护照、申请表格等材料呈递该国驻来访人员国家使领馆。驻来访人员国家使领馆凭批准材料，在申请人护照上签证，无须请示国内相关部门。一般说来，获得返签就意味着入境获得批准。目前实行返签的国家大多在亚洲，如日本、韩国、印尼、新加坡、马来西亚等。

② 口岸签证。口岸签证是指在前往国的入境口岸办理签证（又称落地签证）。一般说来，办理口岸签证，需要邀请人预先在本国向出入境管理部门提出申请，批准后，将批准证明副本寄给出访人员。后者凭该证明出境，抵达前往国口岸时获得签证。目前，对外国公民发放口岸签证的国家主要是西亚、东南亚、中东及大洋洲的部分国家。

③ 互免签证。互免签证是随着国际关系和各国旅游事业的不断发展，为便利各国公民之间的友好往来而发展起来的，是根据两国间外交部签署的协议，双方公民持有效的本国护照可自由出入对方的国境，而不必办理签证。互免签证有全部互免和部分互免之分。截至 2016 年 1 月 11 日，我国已与阿尔巴尼亚、巴西、俄罗斯、泰国等 105 个国家签订了互免签证的协议。

④ 过境签证。当一国公民在国际间旅行，除直接到达目的地外，往往要途经一两个国家才能最终进入目的地国境。这时不仅需要取得前往国家的入境许可，而且还必须取得途经国家的过境许可，这称为过境签证。关于过境签证的规定，各国不尽相同。不少国家规定，凡取道该国进入第三国的外国人，不论停留时间长短，一律需要办理签证。按照国际惯例，如无特殊限制，一国公民只要持有有效护照、前往国入境签证或联程机票，途经国家均应发给过境签证。

目前，世界上大多数国家的签证分为：外交签证、公务（官员）签证和普通签证。中华人民共和国的签证主要有外交签证、礼遇签证、公务签证和普通签证等四种，是发给申请入境的外国人的。其中，普通签证有 12 种：C 为乘务，D 为定居，F 为访问，G 为过境，J1(2) 为常驻（临时）记者，L 为旅游，M 为贸易，Q1(2) 为申请居留（短期探亲）的旁系亲属，R 为人才，S1(2) 长期探亲（短期探亲）的直系亲属，X1(2) 为长期（短期）学习，Z 为职业。

2）签证内容

各国签证涉及的内容并不相同，但有些基本信息是共通的，如前往国家、签证序号、有效期、允许停留天数、姓名、出生日期、护照号码、性别、照片等。

3）签证的有效期和停留期

（1）签证的有效期：从签证签发之日起到以后的一段时间内准许持有者入境的时间期限，超过这一期限，该签证就是无效签证。一般国家发给 3 个月有效的入境签证，也有的国家发给 1 个月有效的入境签证。有的国家对签证有效期限制很严，如德国只按申请日期发放签证。过境签证的有效期一般都比较短。

（2）签证的停留期：持证人入境该国后准许停留的时间。它与签证有效期的区别，在于签证的有效期是指签证的使用期限，即在规定的时间内持证人可出入或经过该国。如某国的入、出境签证有效期为 3 个月，停留期为 15 天，则该签证从签发日始 3 个月内无论哪一天都可以入、出该国国境，但是，从入境当日起，到出境当日止，持证人在该国只能停留 15 天。有的国家签发必须在 3 个月之内入境，而入境后的停留期为 1 个月；有的国家签证入境期限和停留期是一致的。如美国访问签证的有效期和停留期都是 3 个月，即在 3 个月内入境方为有效，入境后也只能停留 3 个月。签证有效期一般为 1 个月或者 3 个月；最长的一般为半年或者 1 年以上，如就业和留学签证；最短的为 3 天或者 7 天，如过境签证。

3. 其他证件

（1）大陆居民往来台湾通行证。

（2）中华人民共和国旅行证。

（3）中华人民共和国入出境通行证。

（4）中华人民共和国海员证。

（5）港澳居民来往内地通行证（回乡卡）。

（6）台湾居民来往大陆通行证。

（7）中华人民共和国往来港澳通行证。

（8）因公往来香港澳门特别行政区通行证（红皮）。

第三节　检验检疫

一、卫生检疫

为了防止传染病由国外传入或由国内传出，在国际通航的港口、机场、陆地边境和国界江河口岸设立国境卫生检疫机关，对进出国境人员、交通工具、货物、行李和邮件等实施医学检查和必要的卫生处理，这种综合性的措施称为国境卫生检疫。

海外人士入境，应根据国境检疫机关的要求如实填报健康申明卡，传染病患者隐瞒不报，按逃避检疫论处。一经发现，禁止入境；已经入境者，让其提前出境。

卫生检疫主要内容如下：

（1）入境、出境的微生物、人体组织、生物制品、血液及其制品等特殊物品的携带人、托运人或者邮递人必须向卫生检疫机关申报并接受卫生检疫，未经卫生检疫机关许可，不准入境、出境。海关凭卫生检疫机关签发的特殊物品审批单放行。

（2）入境、出境的旅客、员工个人携带或者托运可能传播传染病的行李和物品应当接受卫生检查。卫生检疫机关对来自疫区或者被传染病污染的各种食品、饮料、水产品等应当实施卫生处理或者销毁，并签发卫生处理证明。海关凭卫生检疫机关签发的卫生处理证明放行。

（3）来自黄热病疫区的人员，在入境时，必须向卫生检疫机关出示有效的黄热病预防接种证书。对无有效的黄热病预防接种证书的人员，卫生检疫机关可以从该人员离开感染环境的时候算起，实施六日的留验，或者实施预防接种并留验到黄热病预防接种证书生效时为止。入境、出境的交通工具、人员、食品、饮用水和其他物品以及病媒昆虫、动物均为传染病监测对象。

（4）卫生检疫机关阻止患有艾滋病、性病、麻风病、精神病、开放性肺结核的外国人入境。来中国定居或居留一年以上的外国人，在申请入境签证时，需交验艾滋病血清学检查证明和健康证明书，在入境后 30 天内到卫生检疫机关接受检查或查验。

二、动植物检疫

动植物检疫部门是代表国家依法在开放口岸执行进出境动植物检疫、检验、监管的检验机关。动植物检疫部门依据《进出境动植物检疫法》，对进出境动植物、动植物产品的生产、加工等过程实施检疫，为防止传染病及有害生物传入、传出国境。

禁止下列物品入境：

（1）动植物病原体（包括菌种、毒种等）、害虫及其他有害生物。

（2）动植物疫情流行的国家和地区的有关动植物、动植物产品和其他检疫物。

（3）动物尸体及标本。

（4）土壤。口岸动植物检疫机关发现有禁止进境物的，作退回或者销毁处理。因科学研究等特殊需要引进按规定禁止进境的必须事先提出申请，经国家动植物检疫机关批准。

（5）其他。

检疫法规定，携带规定名录以外的动植物、动植物产品和其他检疫物进境的，在进境时向海关申报并接受口岸动植物检疫机关的检疫。携带动物进境的，必须持有输出国家或者地区的检疫证书等证件。旅客携带伴侣动物进境的，根据 1993 年农业部和海关总署关于实施《关于旅客携带伴侣犬、猫进境的管理规定》的通知，每人限 1 只。携带的伴侣犬、猫必须持有输出国（或地区）官方检疫机关出具的检疫证书和狂犬病免疫证书。口岸动植物检疫机关对旅客携带的动物实施为期 30 天的隔离检疫，经检疫合格的准予进境，检疫不合格的由检疫机关按有关规定处理。

思考与练习

1. 海关对哪些物品有出入境的限制规定？
2. 简述护照和签证的作用。
3. 列举部分和我国签有互免签证的协议国。
4. 简述动物检疫的程序。
5. 结合所学知识，谈谈接待来自疫区旅客的程序。

第九章　机场 X 射线机基础知识

学习目标

　　通过本章的学习，掌握 X 射线机的基本工作原理，成像特点，并能认识一些常见违禁品、危险品的 X 射线图像，以及日常行李检查中一些物品的成像形态。

第一节　X 射线机的基本原理、分类

一、X 射线及 X 射线机基本知识

　　X 射线是一种电磁波，它的波长比可见光的波长短，穿透力强。

（一）X 射线机的工作原理（见图 9-1）

　　利用 X 射线的穿透特性，X 射线机的射线发生器产生一束扇形窄线对被检物体进行扫

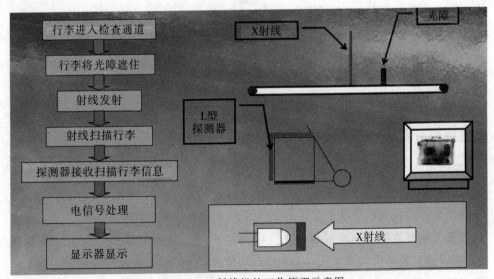

图 9-1　X 射线机的工作原理示意图

描，当 X 射线穿过传送带上移动的行李时，因 X 射线对不同物质的穿透能力不同而发生衰减，此时探测器接收到经过衰减的 X 射线信号，通过信号处理，这些信号将转变成图像被显示器显示出来。

（二）获得较好图像的方法

卧式 X 射线机物品立放，立式 X 射线机物品平放，显示的图像较佳。

在卧式 X 射线机中，物体离 X 射线源越近，X 射线图像显示比例越大。

二、X 射线机的使用

（1）操作员使用仪器前应检查仪器外观是否完好。

（2）首先开启稳压电源，观察电压指示是否稳定在 220±10％的范围内。

（3）再开启 X 射线机电源，观察运行自检测程序正常后，开始检查工作。

（4）检查中，如遇设备发生故障，应立即报告值班领导。

（5）工作结束后，应关闭 X 射线机电源及稳压电源。可能有些机型需要先退出 X 射线机操作平台，待图像存储完成后，再关闭 X 射线机电源及稳压电源。

（6）按要求认真填写设备运行记录。

三、X 射线机安全防护

X 射线机的安全防护如下：

（1）不检查行李时系统无射线产生。

（2）系统设有"联锁"保护装置。

（3）射线通道有铅帘门防护。

（4）系统设计了电子保护电路。

（5）射线剂量很低。

四、X 射线机分类

（1）根据用途可分为以下三类：

① 能量分辨型手提行李微剂量 X 射线安全检查设备，如 CMEX－6550。

② 能量分辨型托运行李微剂量 X 射线安全检查设备，如 CMEX－7880。

③ 能量分辨型货物微剂量 X 射线安全检查设备，如 CMEX－100100。

（2）按射线对物体的扫描方式可分为：点扫描式、线扫描式和逐行扫描式三种。

（3）按图像显示方式可分为：隔行显示和 SVGA 逐行显示。

（4）按机械结构可分为：立式机（射线顶照或底照）、卧式机（射线侧照）、车载式 X 射线机。

（5）按行李通道可分为：单通道和双通道。

五、X 射线机图像颜色的含义

X 射线机对等效原子序数小于 10 的有机物赋予橙色，对等效原子序数大于 18 的无机物赋予蓝色，对介于两类材料之间的物质或这两类材料的混合物赋予绿色，如图 9-2 所示。

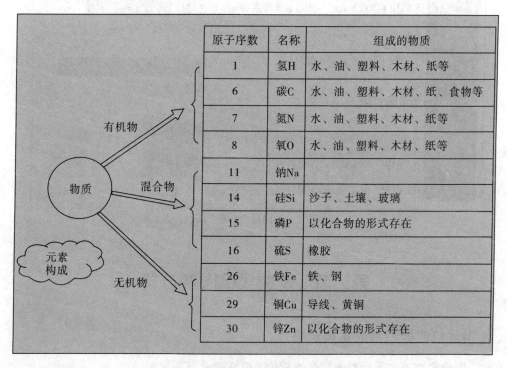

原子序数	名称	组成的物质
1	氢H	水、油、塑料、木材、纸等
6	碳C	水、油、塑料、木材、纸、食物等
7	氮N	水、油、塑料、木材、纸等
8	氧O	水、油、塑料、木材、纸等
11	钠Na	
14	硅Si	沙子、土壤、玻璃
15	磷P	以化合物的形式存在
16	硫S	橡胶
26	铁Fe	铁、钢
29	铜Cu	导线、黄铜
30	锌Zn	以化合物的形式存在

图 9-2　X 射线机图像颜色含义

本节以公安部第一研究所 CMEX 系列 X 射线机为例，其不同颜色代表的含义如下：

红色——非常厚，X 射线穿不透的物体。

橙色——有机物（原子序数小于 10 的物质）。

绿色——混合物，即有机物与无机物的重叠部分。

蓝色——无机物（原子序数大于 18 的物质）。

不同厚度物品的颜色如图 9-3 所示。

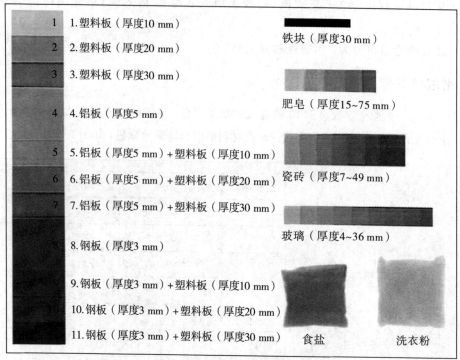

图 9-3　不同厚度物品的颜色

第二节　X 射线机图像分析

一、X 射线机图像识别的重点及处理

（1）图像模糊不清无法判断物品性质的，可换角度重新过包。

（2）发现似有电池、导线、钟表、粉末状、块状、液体状、枪弹状物及其他可疑物品的，应采用综合分析结合重点分析等方法进行检查。

（3）发现有容器、仪表、瓷器等物品的，应在利用功能键辅助帮助分析的情况下进一步识别，如仍不能确定性质，应进行开箱（包）检查。

（4）对照相机、收音机、录音录像机及电子计算机等电器的检查，应仔细分析其内部结构是否存在异常，如存在异常或不能判明性质的物质，应进行开箱（包）检查。

（5）如遇旅客声明不能用 X 射线机检查的物品时，应按相应规定或情况处理，在了解情况后，如可以采用 X 射线机进行检查，则应仔细分析物品的内部结构是否存在异常。

二、识别 X 射线图像的主要方法

（1）整体判读法：由中间到四周整幅图像进行判读。观察图像的每个细节，判读图像中的物品是否相联系，有无电源、导线、定时装置、起爆装置和可疑物品。

（2）颜色分析法：即根据 X 射线机对物质颜色的定义，通过图像呈现的颜色来判断物体的性质。

（3）形状分析法：即通过图像中物体的轮廓判断物体。有些物品虽然 X 射线穿不透，但轮廓清晰，可直接判断其性质。

（4）功能键分析法：充分利用功能键的分析功能对图像进行综合分析比较。反转键有利于看清颜色较浅物品的轮廓，有机物/无机物剔除键有利于判断物品的性质。

（5）重点分析法：要抓住图像中难以判明性质、射线穿不透的物体，对有疑点的地方重点分析。该方法主要针对于液体、配件、电子产品的检查。

（6）对称分析法：根据图像中箱包结构特点找对称点，主要针对箱包结构中不对称的点状物体或线装物进行分析比较，发现可疑物。

（7）共性分析法：即举一反三法，抓住某个物体的结构特征来推断其他同类物品。

（8）特征分析法：即结构分析法，抓住某个物体的结构中的一些特征进行判断。

（9）联想分析法：即通过图像中一个可判明的物品来推断另一个物品。

（10）观察分析法：即通过观察旅客来判断其所携带物品。

（11）常规分析法：即图像中显示的物品违反常规。

（12）排除法：即排除已经判定的物品，其他物品需要重点分析检查。

（13）角度分析法：即联想物品各种角度的图像特征加以分析判断。

（14）综合分析法：即利用上述方法中的几种同时对图像进行判读。

在实际的 X 射线机检查岗位工作时，可单独或综合利用上述 14 种识别 X 射线图像的方法来帮助检查员识别 X 射线机图像。上述 14 种识别 X 射线图像的方法互相之间并不独立，而是互相关联互为补充的，判图时应做到有机的结合。

三、违禁品、危险品的 X 射线图像识别与分析

（一）枪支的 X 射线图像特征

由于枪支一般使用高分子金属制成，密度很大，因而在 X 射线机中显示的图像灰度很大，其伪彩色图像一般呈暗红色如图 9-4 所示。正放时，枪的外观轮廓明显，较易识别；侧放时，可通过分辨枪的结构和外观特征，如握柄、枪管、护环和准星等来识别。

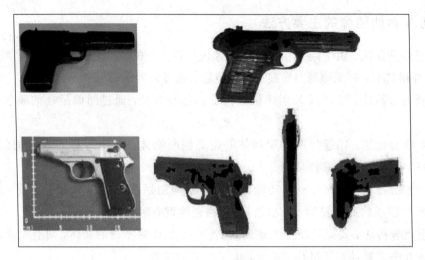

图 9-4　枪支图像

(二) 子弹的 X 射线图像特征

子弹外观如日常所见，此处不再赘述。

X 射线机的彩色图像中，弹头一般呈暗红色，弹壳一般呈蓝色，如图 9-5 所示。在图像中找子弹时，可按下图像增强键，寻找图像最黑点，再综合其外观结构特点，便可判别。若子弹平放，则会呈一个暗红色圆点。

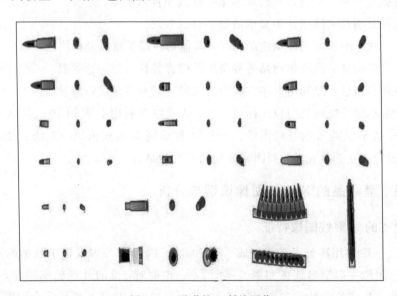

图 9-5　子弹的 X 射线图像

（三）电击器的 X 射线图像特征

电击器的电源（电池）、升压装置（变压线圈或电容）、电击点（有的是两个或三个触头，有的是金属圆环）在图像中均呈暗红色，要注意把握其基本结构特征，与一些小件电器如收音机、电动剃须刀区分开来。电击器的 X 射线图像如图 9-6 所示。

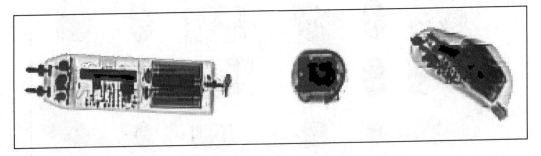

图 9-6　电击器的 X 射线图像

（四）手铐与拇指铐的 X 射线图像特征

手铐与拇指铐的主要结构有扣环和锁头，正放时极易辨认，其 X 射线图像如图 9-7 所示。平放时，大手铐的锁头在 X 射线机伪彩色图像上一般呈暗红色长方形，扣环呈线状，但由于中空，故颜色较淡，一般能看到中间空隙。

拇指铐平放时在 X 射线机图像上呈较粗的直线状，像铁柄水果刀，但由于两边是指环，故直线两边比中间细。

图 9-7　手铐与拇指铐的 X 射线图像

（五）催泪器的 X 射线图像特征

由于内装物不同，催泪器在 X 射线机伪彩色图像上分别显示为黄色或绿色，瓶口中心有金属喷头，如图 9-8 所示。

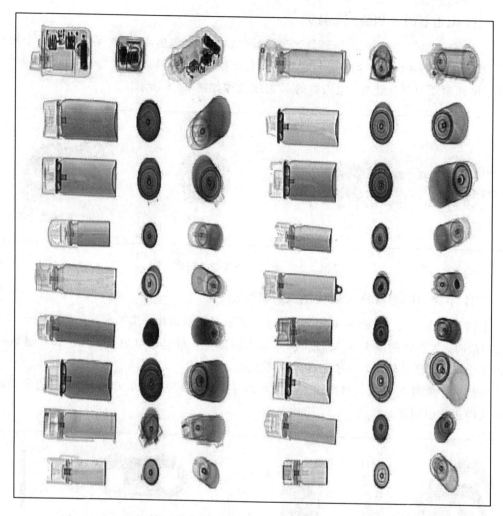

图 9-8 催泪器的 X 射线图像

（六）爆炸物品类 X 射线机图像基本特征

1. 雷管

雷管分为电雷管、非电雷管与火雷管三类，按材料又可分为纸壳、铜壳、铁壳、铝壳等几种。通常雷管呈圆柱形，长约 44～50 mm，直径约 6～6.6 mm。

1）铁、铜壳电雷管

正放时，铁、铜壳电雷管的伪彩色图像为青蓝色细长条形，壳体一头与类似导线的物体相连。

2）纸壳电雷管

正放时，纸壳电雷管的伪彩色图像为淡橘黄色的细长条形，管头部分颜色较深，有一小黑点与类似导线的线状物相连。

3）铁、铜壳非电雷管

铁、铜壳非电雷管的伪彩色图像与金属壳电雷管相似，但它是用塑料导火管作点火装置的。因此图像在无遮挡的情况下可能会看到极淡的灰色线状物（导火管部分）与管头相连。

4）铝、纸壳非电雷管

铝壳非电雷管的管壁很薄，因此，它与纸壳非电雷管一样在伪彩色图像中呈橘黄色（纸壳非电雷管颜色相对较浅），但其外壳相对较平整。铝、纸壳非电雷管也用塑料导火管作为点火装置，其管头部分图像与铁、铜壳非电雷管相似。

5）铝、纸壳火雷管

X 射线机伪彩图像中，纸壳火雷管的外壳模糊，而铝壳火雷管的外壳边缘较清晰平整；在图像上应注意发现壳中有深色阴影（火药），约占壳体的一半。铝、纸壳雷管在有障碍物的情况下识别较困难，须仔细辨别才能发现。

2. 导火索

导火索（见图 9 - 9）是以黑火药为药芯，以棉线、纸条、沥青防潮剂等材料组成的圆索状点火器材。其表层外观为白色包线和土黄色的外层纸，外径一般为 5.2～5.8 mm，燃速通常为 1 cm/s。

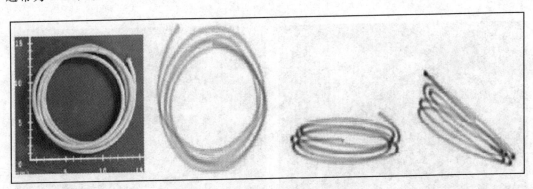

图 9 - 9　导火索

导爆索：普通导爆索（见图 9 - 10）用黑索金为药芯，以棉麻纤维及导火索纸为包缠物，以沥青和涂料为防潮剂。普通导爆索的外形与导火索相似，但其外观为红色、绿色或两条红螺旋形线，通常外径为 5.2～6.2 mm。它是起爆装药的高速起爆器材，本身需其他起爆器材（如雷管）引爆，爆速为 6500 m/s。导爆索不吸湿，在水中浸泡二十四小时也不影响传爆。

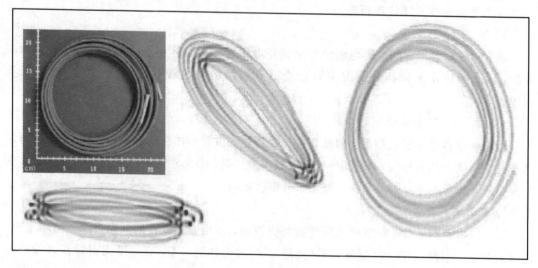

图 9-10　导爆索

四、常见行李中危险品与违禁品的成像状态

常见行李中危险品与违禁品的成像状态如图 9-11~图 9-17 所示。

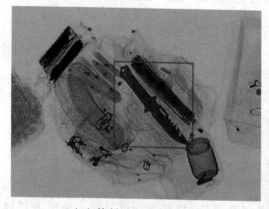

（a）管制刀具的成像形态1

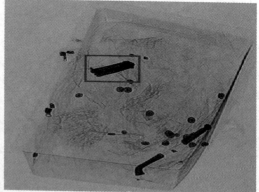

（b）管制刀具的成像形态2

图 9-11　管制刀具的成像

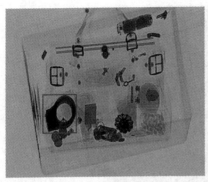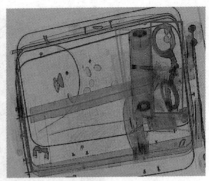

（a）手铐的成像形态1　　　　（b）手铐的成像形态2

图 9-12　手铐的成像

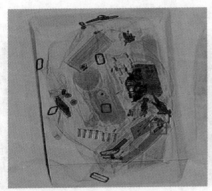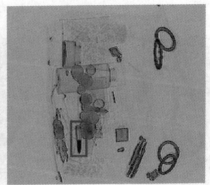

（a）子弹的成像形态1　　　　（b）子弹的成像形态2

图 9-13　子弹的成像

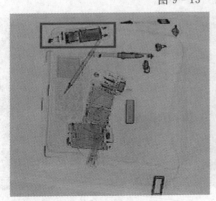

（a）电击器的成像形态1　　　　（b）电击器的成像形态2

图 9-14　电击器的成像

图 9-15　打火机器的成像形态

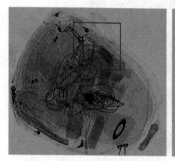

（a）烟花的成像形态1

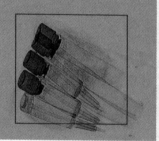

（b）烟花的成像形态2

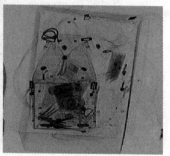

（c）烟花的成像形态3

图 9-16　烟花的成像

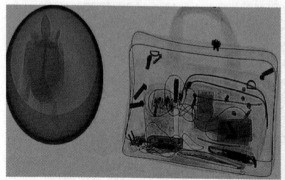

（a）乌龟的成像形态1

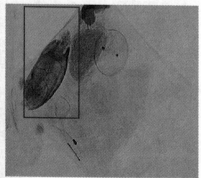

（b）乌龟的成像形态2

图 9-17　乌龟的成像

思考与练习

1. X 射线机的基本工作原理是什么?
2. X 射线机的安全防护措施有哪些?
3. X 射线成像的基本颜色有几种? 每种颜色分别代表什么物质?
4. 简述 X 射线机图像识别的重点及处理方法。
5. 叙述枪支的 X 射线图像特征。
6. 叙述子弹的 X 射线图像特征。

附录一　民航安检员国家职业标准

1. 职业概况

1.1　职业名称

民航安全检查员。

1.2　职业定义

对乘坐民用航空器的旅客及其行李、进入候机隔离区的其他人员及其物品，以及空运货物、邮件实施安全检查的人员。

1.3　职业等级

本职业共设四个等级，分别为：初级安全检查员（国家职业资格五级）、中级安全检查员（国家职业资格四级）、高级安全检查员（国家职业资格三级）、主任安全检查员（国家职业资格二级）。

1.4　职业环境

室内，常温。

1.5　职业能力特征

具有较强的表达能力和空间感、形体知觉、嗅觉，手指、手臂灵活，动作协调；无残疾，无重听，无口吃，无色盲、色弱，矫正视力在 5.0 以上；身体健康，五官端正，男性身高在 1.65 米以上，女性身高在 1.60 米以上。

1.6　基本文化程度

高中毕业（或同等学力）。

1.7　培训要求

1.7.1　培训期限

全日制职业学校教育，根据其培养目标和教学计划确定。晋级培训期限：初级安全检查员不少于 300 标准学时；中级安全检查员不少于 200 标准学时；高级安全检查员不少于 200 标准学时；主任安全检查员不少于 200 标准学时。

1.7.2　培训教师

培训教师应当具有大专及以上文化程度，具备系统的安全检查知识，一定的实际工作经验和丰富的教学经验，良好的语言表达能力。培训教师也应具有相应级别：培训初、中级安全检查员的教师应具有本职业三级（高级安全检查员）及以上职业资格证书并从事安全检查工作5年以上；培训高级安全检查员的教师应具有本职业二级（主任安全检查员）职业资格证书或具有本职业三级职业资格证书并从事安全检查工作10年以上；培训主任安全检查员的教师应具有本职业二级职业资格证书2年以上。

1.7.3　培训场地设备

应具有满足教学要求的培训教室、教学设备，以及必要的安全检查员计算机培训测试系统、安全检查设备、违禁物品等。

1.8　鉴定要求

1.8.1　适用对象

从事或准备从事本职业的人员。

1.8.2　申报条件

初级安全检查员（具备以下条件之一者）

在本职业连续见习工作1年以上（含1年）；

经本职业初级正规培训达规定标准学时数，并取得培训合格证书。

中级安全检查员（具备以下条件之一者）

(1) 取得本职业五级（初级安全检查员）职业资格证书后，连续从事本职业工作2年以上，经本职业中级正规培训达规定标准学时数，并取得培训合格证书；

(2) 取得本职业五级职业资格证书后，连续从事本职业工作4年以上；

(3) 中专以上（含中专）本专业毕业生，取得本职业五级职业资格证书后，连续从事本职业工作1年以上，经本职业中级正规培训达规定标准学时数，并取得培训合格证书。

高级安全检查员（具备以下条件之一者）

(1) 取得本职业四级（中级安全检查员）职业资格证书后，连续从事本职业工作3年以上，经本职业高级正规培训达规定标准学时数，并取得培训合格证书；

(2) 取得本职业四级职业资格证书后，连续从事本职业工作5年以上；

(3) 大专以上（含大专）本专业毕业生，取得本职业四级职业资格证书后，连续从事本职业工作1年以上，经本职业高级正规培训达规定标准学时数，并取得培训合格证书。

主任安全检查员（具备以下条件之一者）

(1) 取得本职业三级职业资格证书后，在安检现场值班领导岗位工作2年以上，经本职业技师正规培训达规定标准学时数，并取得培训合格证书；

（2）取得本职业三级职业资格证书后，连续从事本职业工作 6 年以上。

1.8.3　鉴定方式

分为理论知识考试和技能操作考核。理论知识考试采用闭卷笔试方式，技能操作考核采用模拟现场操作方式。理论知识考试和技能操作考核均实行百分制，成绩皆达 60 分以上者为合格。技师还须进行综合评审。

初级安全检查员技能操作考核项目分为三个鉴定模块，每个模块的考核成绩均达到本模块分值的 60％（含）以上，则技能操作考核合格。

1.8.4　考评人员与考生配比

理论知识考试考评人员与考生配比为 1∶20，每个标准教室不少于 2 名考评人员；技能操作考核考评员与考生配比为 1∶5，且不少于 3 名考评员，综合评审委员不少于 5 人。

1.8.5　鉴定时间

理论知识考试为 90 分钟，技能操作考核为 60 分钟；综合评审时间不少于 30 分钟。

1.8.6　鉴定场所设备

理论知识考试在标准教室进行。技能操作考核在模拟现场或实际工作现场进行。

2.　基本要求

2.1　职业道德

2.1.1　职业道德基本知识

2.1.2　职业守则

（1）爱岗敬业，忠于职守。

（2）钻研业务，提高技能。

（3）遵纪守法，严格检查。

（4）文明执勤，优质服务。

（5）团结友爱，协作配合。

2.2　基础知识

2.2.1　航空运输基础知识

航空器概念及飞机结构基本知识。

航线、航班与班期时刻表知识。

国内主要航空公司概况。

民航客、货运输基础知识。

2.2.2 航空安全保卫法律、法规知识

国际民航组织相关公约的知识。

《中华人民共和国民用航空法》的相关知识。

《中华人民共和国民用航空安全保卫条例》的相关知识。

《中国民用航空安全检查规则》的相关知识。

2.2.3 物品检查知识

禁止旅客随身携带或者托运的物品。

禁止旅客随身携带但可作为行李托运的物品。

乘机旅客限量随身携带的生活用品及数量。

爆炸物处置基本原则。

2.2.4 监护工作知识

隔离区监控程序、方法和重点部位。

隔离区清场内容、方法和重点部位。

隔离区内无人认领物品的处理方法。

飞机清舱的程序和重点部位。

飞机监护工作知识。

2.2.5 劳动保护知识

工作现场的环境要求。

安检设备的安全操作与防护知识。

《中华人民共和国劳动法》的相关知识。

2.2.6 英语知识

安全检查常用工作词汇。

安全检查常用工作会话。

2.2.7 公关礼仪基本知识

言谈、举止、着装规范。

主要服务忌语。

称呼与礼貌用语。

国内少数民族和外国风土人情常识。

旅客服务心理学基础知识。

涉外工作常识。

2.2.8 机场联检部门工作常识

边防检查部门的主要工作职责。

海关的主要任务。

检验检疫的主要任务。

3. 工作要求

本标准对初级、中级、高级和主任安全检查员的技能要求依次递进，高级别涵盖低级别的要求。

3.1　初级安全检查员

职业功能	工作内容	技 能 要 求	相 关 知 识
一、证件检查	（一）证件核查	能识别有效乘机证件、客票、登机牌 能识别涂改证件 能识别伪造、变造证件 能识别冒名顶替的证件 能识别过期、破损证件 能识别有效机场控制区通行证件	验证检查岗位职责 乘机有效身份证种类、式样 证件检查的程序和方法 验证岗位检查的注意事项 机场控制区通行证件的种类和使用范围 居民身份证的有效期和编号规则 居民身份证一般防伪标识 临时身份证明的要素 主要国家的三字母代码表
	（二）情况处置	能适时验放旅客 能查缉与有效控制布控人员	安检验讫章使用管理制度 布控人员的查缉方法
二、人身检查	（一）设备准备	能测试通过式金属探测门是否处于工作状态 能测试手持金属探测器是否处于工作状态	通过式金属探测门的工作原理 通过式金属探测门的性能特点 影响通过式金属探测门探测的因素 手持金属探测器的工作原理
	（二）实施检查	能使用通过式金属探测门和手持金属探测器实施人身检查 能按规定程序实施手工人身检查	人身检查岗位职责 人身检查的方法 人身检查的要领和程序 人身检查的注意事项 人身检查的重点对象和重点部位

续表

职业功能	工作内容	技能要求	相关知识
三、物品检查	（一）开箱（包）检查	能按规定程序实施开箱（包）检查 能对常见物品进行检查 能看懂危险品、违禁品的国际通用标志	开箱（包）检查的岗位职责 开箱（包）检查的程序、方法 开箱（包）检查的重点对象 开箱（包）检查的注意事项 物品的检查方法 危险品、违禁品的国际通用标志知识
	（二）情况处置	能处理枪支、弹药、管制刀具等违禁物品 能处理遗留、自弃、移交、暂存物品 能填写暂存、移交物品单据 能进行X射线机紧急关机	常见违禁物品的处理办法 常见易燃、易爆、腐蚀性、毒害性物品的种类 暂存、移交物品单据的填写要求 X射线机关机程序

3.2　中级安全检查员

职业功能	工作内容	技能要求	相关知识
一、证件检查	（一）证件核查	能使用证件鉴别仪器核查身份证件	证件制作的材料知识 证件防伪的技术方法 伪假证件的特征 识别伪假居民身份证的主要技术方法 护照的防伪方法
	（二）情况处置	能对旅客持涂改、伪造、变造、冒名顶替证件的情况进行处理 能对旅客持过期身份证件的情况进行处理 能对旅客因故不能出示居民身份证件的情况进行处理	涂改、伪造、变造、冒名顶替证件的处理方法 过期身份证件的处理方法 旅客因故不能出示居民身份证件的处理方法

职业功能	工作内容	技 能 要 求	相 关 知 识
二、物品检查	（一）设备准备	能按要求完成 X 射线机开、关机 能根据 X 射线机自检情况判断其是否处于正常工作状态	X 射线机的种类 X 射线基本知识 X 射线机的工作原理 X 射线机操作规程 X 射线机的穿透力指标 X 射线机的空间分辨率指标
	（二）实施 X 射线机检查	能利用 X 射线机功能键进行图像识别 能识别常见物品的 X 射线图像 能识别各类危险品、违禁品的图像 能利用 X 射线机图像颜色定义分辨被检物品 能利用 X 射线机不同灰度级含义分辨被检物品	X 射线机操作员的职责 X 射线机操作键的功能 X 射线机图像颜色的含义 X 射线机图像不同灰度的含义 物品摆放角度与 X 射线图像显示的关系 显示器的色饱和度和亮度的含义 识别 X 射线图像的主要方法 违禁品 X 射线图像特征 常见易燃、易爆、腐蚀性、毒害性物品的性状
	（三）情况处置	能对异常物品进行检查 能对特殊物品进行检查 能处置危险品、违禁品 能处理国家法律法规规定的其他禁止携带、运输的物品 能处理国家法律法规规定的其他限制携带、运输的物品 能对可疑邮件、货物进行处理	不易确定性质的粉末状物品的检查方法 外形怪异、包装奇特的物品的检查方法 机要文件、密码机的检查方法 机密尖端产品的检查方法 外汇箱（袋）的检查方法 外交、信使邮袋的检查方法 危险品、违禁品的处理要求 国家法律法规有关其他禁止携带、运输物品的规定 国家法律法规有关其他限制携带、运输物品的规定 可疑邮件、货物的处理要求

3.3 高级安全检查员

职业功能	工作内容	技 能 要 求	相 关 知 识
一、物品检查	（一）设备准备	能根据爆炸物探测设备自检情况判断其是否处于正常工作状态 能判断网络型行李检查设备是否处于正常工作状态	爆炸物探测设备操作规程 网络型行李检查系统基础知识
	（二）情况处置	能看懂危险品、违禁品英文品名 能借助词典读懂物品英文说明书 能识别制式、非制式爆炸装置 能处置制式、非制式爆炸装置 能使用爆炸物探测设备进行检查	危险品、违禁品英文品名知识 制式、非制式爆炸装置知识 制式、非制式爆炸装置处置要求 爆炸物探测设备工作原理
二、勤务管理	（一）组织与实施	能按要求进行班前点名、班后讲评工作 能按要求组织交接班工作 能根据当日航班动态实施、调整当班勤务 能编写安检工作情况报告	勤务组织的原则 勤务的实施要求 勤务制度 日常工作方案内容 安检情况报告知识 交接班制度 点名讲评制度
	（二）情况处置	能组织、实施对特殊旅客的检查 能对旅客、货主暂存、自弃和遗留的物品进行管理 能对不配合安全检查的情况进行处置 能对扰乱安检工作秩序的情况进行处置 能对隐匿携带或夹带危险品、违禁品的情况进行处置 能对检查工作中发现的变异物品进行处置 能处置勤务现场发生的旅客、货主的投诉 能解答勤务过程中的问题 能针对勤务中的有关问题同相关部门进行协调与沟通	特殊旅客检查知识 不配合安全检查情况的处置方法 扰乱安检工作秩序情况的处置方法 隐匿携带或夹带危险品、违禁品情况的处置方法 法律基础知识 物品管理制度 协调与沟通技巧 投诉处理的基本要求

职业功能	工作内容	技 能 要 求	相 关 知 识
三、业务培训	（一）指导操作	能指导初、中级安检员进行实际操作	培训教学的基本方法
	（二）理论培训	能讲授本专业技术理论知识	

3.4　主任安全检查员

职业功能	工作内容	技 能 要 求	相 关 知 识
一、设备管理	（一）设备选型	能根据需要提出设备选型、配备计划 能根据需要提出设备布局需求方案	民用机场安全保卫设施建设标准 民用机场安检定员定额行业标准
	（二）设备检测	能根据国家相关标准对设备性能指标进行测评	相关安全检查设备标准知识
二、勤务管理	（一）组织与实施	能编写本单位安检工作方案 能组织实施安检工作方案 能按照实际需要提出人员调配和岗位设置的需求 能组织、开展安检调研工作 能组织、开展应急演练工作 能制定各岗位工作标准、考核办法 能根据形势提出实施特别工作方案的具体措施 能组织对安检人员的现场工作测试 能对工作质量进行诊断，提出改进、优化安检操作规程方案	安检调研工作知识 安检工作的法律法规知识 航空安全保卫管理知识 犯罪心理学基础知识 质量分析与控制方法 安检现场测试方法 各岗位工作相关标准
	（二）情况处置	能分析勤务工作中发生问题的原因 能提出解决勤务工作中存在问题的具体措施 能对发生劫、炸机事件等紧急的情况进行处置	在勤务实施过程中影响质量的因素及提高质量措施 发生劫、炸机事件等紧急情况的处置方法

续表

职业功能	工作内容	技 能 要 求	相 关 知 识
四、业务培训	（一）指导操作	能指导初、中、高级安检员进行实际操作	培训大纲、教案的编写方法
	（二）理论培训	能编写培训大纲、教案	

4. 比重表

4.1　理论知识

项　　目		初级安全检查员/（%）	中级安全检查员/（%）	高级安全检查员/（%）	主任安全检查员/（%）
基本要求	职业道德	5	5	5	5
	基础知识	30	20	15	10
相关知识	证件检查	15	10	10	5
	人身检查	25	15	10	5
	物品检查	25	50	30	30
	勤务管理	——	——	25	40
	业务培训	——	——	5	5
合计		100	100	100	100
备注：					

4.2　技能要求

项　　目		初级安全检查员/（%）	中级安全检查员/（%）	高级安全检查员/（%）	主任安全检查员/（%）
技能要求	证件检查	30	10	5	5
	人身检查	40	10	5	5
	物品检查	30	80	60	25
	勤务管理	——	——	25	60
	业务培训	——	——	5	5
合计		100	100	100	100
备注：主任安全检查员的考核采用评审办法					

附录二　中国民用航空安全检查规则

第一章　总　则

第一条　为了规范民用航空安全检查工作，防止对民用航空活动的非法干扰，维护民用航空运输安全，依据《中华人民共和国民用航空法》《中华人民共和国民用航空安全保卫条例》等有关法律、行政法规，制定本规则。

第二条　本规则适用于在中华人民共和国境内的民用运输机场进行的民用航空安全检查工作。

第三条　民用航空安全检查机构（以下简称"民航安检机构"）按照有关法律、行政法规和本规则，通过实施民用航空安全检查工作（以下简称"民航安检工作"），防止未经允许的危及民用航空安全的危险品、违禁品进入民用运输机场控制区。

第四条　进入民用运输机场控制区的旅客及其行李物品，航空货物、航空邮件应当接受安全检查。拒绝接受安全检查的，不得进入民用运输机场控制区。国务院规定免检的除外。

旅客、航空货物托运人、航空货运销售代理人、航空邮件托运人应当配合民航安检机构开展工作。

第五条　中国民用航空局、中国民用航空地区管理局（以下统称"民航行政机关"）对民航安检工作进行指导、检查和监督。

第六条　民航安检工作坚持安全第一、严格检查、规范执勤的原则。

第七条　承运人按照相关规定交纳安检费用，费用标准按照有关规定执行。

第二章　民航安检机构

第八条　民用运输机场管理机构应当设立专门的民航安检机构从事民航安检工作。

公共航空运输企业从事航空货物、邮件和进入相关航空货运区人员、车辆、物品的安全检查工作的，应当设立专门的民航安检机构。

第九条　设立民航安检机构的民用运输机场管理机构、公共航空运输企业（以下简称"民航安检机构设立单位"）对民航安检工作承担安全主体责任，提供符合中国民用航空局

（以下简称"民航局"）规定的人员、经费、场地及设施设备等保障，提供符合国家标准或者行业标准要求的劳动防护用品，保护民航安检从业人员劳动安全，确保民航安检机构的正常运行。

第十条　民航安检机构的运行条件应当包括：

（一）符合民用航空安全保卫设施行业标准要求的工作场地、设施设备和民航安检信息管理系统；

（二）符合民用航空安全检查设备管理要求的民航安检设备；

（三）符合民用航空安全检查员定员定额等标准要求的民航安全检查员；

（四）符合本规则和《民用航空安全检查工作手册》要求的民航安检工作运行管理文件；

（五）符合民航局规定的其他条件。

第十一条　民航行政机关审核民用机场使用许可、公共航空运输企业运行合格审定申请时，应当对其设立的民航安检机构的运行条件进行审查。

第十二条　民航安检机构应当根据民航局规定，制定并实施民航安检工作质量控制和培训管理制度，并建立相应的记录。

第十三条　民航安检机构应当根据工作实际，适时调整本机构的民航安检工作运行管理文件，以确保持续有效。

第三章　民航安全检查员

第十四条　民航安检机构应当使用符合以下条件的民航安全检查员从事民航安检工作：

（一）具备相应岗位民航安全检查员国家职业资格要求的理论和技能水平；

（二）通过民用航空背景调查；

（三）完成民航局民航安检培训管理规定要求的培训。

对不适合继续从事民航安检工作的人员，民航安检机构应当及时将其调离民航安检工作岗位。

第十五条　民航安检现场值班领导岗位管理人员应当具备民航安全检查员国家职业资格三级以上要求的理论和技能水平。

第十六条　民航安全检查员执勤时应当着民航安检制式服装，佩戴民航安检专门标志。民航安检制式服装和专门标志式样和使用由民航局统一规定。

第十七条　民航安全检查员应当依据本规则和本机构民航安检工作运行管理文件的要求开展工作，执勤时不得从事与民航安检工作无关的活动。

第十八条　X射线安检仪操作检查员连续操机工作时间不得超过30分钟，再次操作X射线安检仪间隔时间不得少于30分钟。

第十九条　民航安检机构设立单位应当根据国家和民航局、地方人民政府有关规定，为民航安全检查员提供相应的岗位补助、津贴和工种补助。

第二十条　民航安检机构设立单位或民航安检机构应当为安全检查员提供以下健康保护：

（一）每年不少于一次的体检并建立健康状况档案；

（二）除法定假期外，每年不少于两周的带薪休假；

（三）为怀孕期和哺乳期的女工合理安排工作。

第四章　民航安检设备

第二十一条　民航安检设备实行使用许可制度。用于民航安检工作的民航安检设备应当取得"民用航空安全检查设备使用许可证书"并在"民用航空安全检查设备使用许可证书"规定的范围内使用。

第二十二条　民航安检机构设立单位应当按照民航局规定，建立并运行民航安检设备的使用验收、维护、定期检测、改造及报废等管理制度，确保未经使用验收检测合格、未经定期检测合格的民航安检设备不得用于民航安检工作。

第二十三条　民航安检机构设立单位应当按照民航局规定，上报民航安检设备使用验收检测、定期检测、报废等相关信息。

第二十四条　从事民航安检设备使用验收检测、定期检测的人员应当通过民航局规定的培训。

第五章　民航安检工作实施

第一节　一般性规定

第二十五条　民航安检机构应当按照本机构民航安检工作运行管理文件组织实施民航安检工作。

第二十六条　公共航空运输企业、民用运输机场管理机构应当在售票、值机环节和民航安检工作现场待检区域，采用多媒体、实物展示等多种方式，告知公众民航安检工作的有关要求、通告。

第二十七条　民航安检机构应当按照民航局要求，实施民航安全检查安全信用制度。对有民航安检违规记录的人员和单位进行安全检查时，采取从严检查措施。

第二十八条　民航安检机构设立单位应当在民航安检工作现场设置禁止拍照、摄像警示标识。

第二节　旅客及其行李物品的安全检查

第二十九条　旅客及其行李物品的安全检查包括证件检查、人身检查、随身行李物品检查、托运行李检查等。安全检查方式包括设备检查、手工检查及民航局规定的其他安全检查方式。

第三十条　旅客不得携带或者在行李中夹带民航禁止运输物品,不得违规携带或者在行李中夹带民航限制运输物品。民航禁止运输物品、限制运输物品的具体内容由民航局制定并发布。

第三十一条　乘坐国内航班的旅客应当出示有效乘机身份证件和有效乘机凭证。对旅客、有效乘机身份证件、有效乘机凭证信息一致的,民航安检机构应当加注验讫标识。

有效乘机身份证件的种类包括:中国大陆地区居民的居民身份证、临时居民身份证、护照、军官证、文职干部证、义务兵证、士官证、文职人员证、职工证、武警警官证、武警士兵证、海员证,香港、澳门地区居民的港澳居民来往内地通行证,台湾地区居民的台湾居民来往大陆通行证;外籍旅客的护照、外交部签发的驻华外交人员证、外国人永久居留证;民航局规定的其他有效乘机身份证件。

十六周岁以下的中国大陆地区居民的有效乘机身份证件,还包括出生医学证明、户口簿、学生证或户口所在地公安机关出具的身份证明。

第三十二条　旅客应当依次通过人身安检设备接受人身检查。对通过人身安检设备检查报警的旅客,民航安全检查员应当对其采取重复通过人身安检设备或手工人身检查的方法进行复查,排除疑点后方可放行。对通过人身安检设备检查不报警的旅客可以随机抽查。

旅客在接受人身检查前,应当将随身携带的可能影响检查效果的物品,包括金属物品、电子设备、外套等取下。

第三十三条　手工人身检查一般由与旅客同性别的民航安全检查员实施;对女性旅客的手工人身检查,应当由女性民航安全检查员实施。

第三十四条　残疾旅客应当接受与其他旅客同样标准的安全检查。接受安全检查前,残疾旅客应当向公共航空运输企业确认具备乘机条件。

残疾旅客的助残设备、服务犬等应当接受安全检查。服务犬接受安全检查前,残疾旅客应当为其佩戴防咬人、防吠叫装置。

第三十五条　对要求在非公开场所进行安全检查的旅客,如携带贵重物品、植入心脏起搏器的旅客和残疾旅客等,民航安检机构可以对其实施非公开检查。检查一般由两名以上与旅客同性别的民航安全检查员实施。

第三十六条　对有下列情形的,民航安检机构应当实施从严检查措施:

(一)经过人身检查复查后仍有疑点的;

(二)试图逃避安全检查的;

（三）旅客有其他可疑情形，正常检查无法排除疑点的。

从严检查措施应当由两名以上与旅客同性别的民航安全检查员在特别检查室实施。

第三十七条　旅客的随身行李物品应当经过民航行李安检设备检查。发现可疑物品时，民航安检机构应当实施开箱包检查等措施，排除疑点后方可放行。对没有疑点的随身行李物品可以实施开箱包抽查。实施开箱包检查时，旅客应当在场并确认箱包归属。

第三十八条　旅客的托运行李应当经过民航行李安检设备检查。发现可疑物品时，民航安检机构应当实施开箱包检查等措施，排除疑点后方可放行。对没有疑点的托运行李可以实施开箱包抽查。实施开箱包检查时旅客应当在场并确认箱包归属，但是公共航空运输企业与旅客有特殊约定的除外。

第三十九条　根据国家有关法律法规和民航危险品运输管理规定等相关要求，属于经公共航空运输企业批准方能作为随身行李物品或者托运行李运输的特殊物品，旅客凭公共航空运输企业同意承运证明，经安全检查确认安全后放行。

公共航空运输企业应当向旅客通告特殊物品目录及批准程序，并与民航安检机构明确特殊物品批准和信息传递程序。

第四十条　对液体、凝胶、气溶胶等液态物品的安全检查，按照民航局规定执行。

第四十一条　对禁止旅客随身携带但可以托运的物品，民航安检机构应当告知旅客可作为行李托运、自行处置或者暂存处理。

对于旅客提出需要暂存的物品，民用运输机场管理机构应当为其提供暂存服务。暂存物品的存放期限不超过30天。

民用运输机场管理机构应当提供条件，保管或处理旅客在民航安检工作中暂存、自弃、遗留的物品。

第四十二条　对来自境外，且在境内民用运输机场过站或中转的旅客及其行李物品，民航安检机构应当实施安全检查。但与中国签订互认航空安保标准条款的除外。

第四十三条　对来自境内，且在境内民用运输机场过站或中转的旅客及其行李物品，民航安检机构不再实施安全检查。但旅客及其行李物品离开候机隔离区或与未经安全检查的人员、物品相混或者接触的除外。

第四十四条　经过安全检查的旅客进入候机隔离区以前，民航安检机构应当对候机隔离区实施清场，实施民用运输机场控制区24小时持续安保管制的机场除外。

第三节　航空货物、航空邮件的安全检查

第四十五条　航空货物应当依照民航局规定，经过安全检查或者采取其他安全措施。

第四十六条　对航空货物实施安全检查前，航空货物托运人、航空货运销售代理人应当提交航空货物安检申报清单和经公共航空运输企业或者其地面服务代理人审核的航空货

运单等民航局规定的航空货物运输文件资料。

第四十七条 航空货物应当依照航空货物安检要求通过民航货物安检设备检查。检查无疑点的，民航安检机构应当加注验讫标识放行。

第四十八条 对通过民航货物安检设备检查有疑点、图像不清或者图像显示与申报不符的航空货物，民航安检机构应当采取开箱包检查等措施，排除疑点后加注验讫标识放行。无法排除疑点的，应当加注退运标识作退运处理。

开箱包检查时，托运人或者其代理人应当在场。

第四十九条 对单体超大、超重等无法通过航空货物安检设备检查的航空货物，装入航空器前应当采取隔离停放至少 24 小时安全措施，并实施爆炸物探测检查。

第五十条 对航空邮件实施安全检查前，邮政企业应当提交经公共航空运输企业或其地面服务代理人审核的邮包路单和详细邮件品名、数量清单等文件资料或者电子数据。

第五十一条 航空邮件应当依照航空邮件安检要求通过民航货物安检设备检查，检查无疑点的，民航安检机构应当加注验讫标识放行。

第五十二条 航空邮件通过民航货物安检设备检查有疑点、图像不清或者图像显示与申报不符的，民航安检机构应当会同邮政企业采取开箱包检查等措施，排除疑点后加注验讫标识放行。无法开箱包检查或无法排除疑点的，应当加注退运标识退回邮政企业。

第四节 其他人员、物品及车辆的安全检查

第五十三条 进入民用运输机场控制区的其他人员、物品及车辆，应当接受安全检查。拒绝接受安全检查的，不得进入民用运输机场控制区。

对其他人员及物品的安全检查方法与程序应当与对旅客及行李物品检查方法和程序一致，有特殊规定的除外。

第五十四条 对进入民用运输机场控制区的工作人员，民航安检机构应当核查民用运输机场控制区通行证件，并对其人身及携带物品进行安全检查。

第五十五条 对进入民用运输机场控制区的车辆，民航安检机构应当核查民用运输机场控制区车辆通行证件，并对其车身、车底及车上所载物品进行安全检查。

第五十六条 对进入民用运输机场控制区的工具、物料或者器材，民航安检机构应当根据相关单位提交的工具、物料或者器材清单进行安全检查、核对和登记，带出时予以核销。工具、物料和器材含有民航禁止运输物品或限制运输物品的，民航安检机构应当要求其同时提供民用运输机场管理机构同意证明。

第五十七条 执行飞行任务的机组人员进入民用运输机场控制区的，民航安检机构应当核查其民航空勤通行证件和民航局规定的其他文件，并对其人身及物品进行安全检查。

第五十八条 对进入民用运输机场控制区的民用航空监察员，民航安检机构应当核查

其民航行政机关颁发的通行证并对其人身及物品进行安全检查。

第五十九条　对进入民用运输机场控制区的航空配餐和机上供应品，民航安检机构应当核查车厢是否锁闭，签封是否完好，签封编号与运输台帐记录是否一致。必要时可以进行随机抽查。

第六十条　民用运输机场管理机构应当对进入民用运输机场控制区的商品进行安全备案并进行监督检查，防止进入民用运输机场控制区内的商品含有危害民用航空安全的物品。

对进入民用运输机场控制区的商品，民航安检机构应当核对商品清单和民用运输机场商品安全备案目录一致，并对其进行安全检查。

第六章　民航安检工作特殊情况处置

第六十一条　民航安检机构应当依照本机构突发事件处置预案，定期实施演练。

第六十二条　已经安全检查的人员、行李、物品与未经安全检查的人员、行李、物品不得相混或接触。如发生相混或接触，民用运输机场管理机构应当采取以下措施：

（一）对民用运输机场控制区相关区域进行清场和检查；

（二）对相关出港旅客及其随身行李物品再次安全检查；

（三）如旅客已进入航空器，应当对航空器客舱进行航空器安保检查。

第六十三条　有下列情形之一的，民航安检机构应当报告公安机关：

（一）使用伪造、变造的乘机身份证件或者乘机凭证的；

（二）冒用他人乘机身份证件或者乘机凭证的；

（三）随身携带或者托运属于国家法律法规规定的危险品、违禁品、管制物品的；

（四）随身携带或者托运本条第三项规定以外民航禁止运输、限制运输物品，经民航安检机构发现提示仍拒不改正，扰乱秩序的；

（五）在行李物品中隐匿携带本条第三项规定以外民航禁止运输、限制运输物品，扰乱秩序的；

（六）伪造、变造、冒用危险品航空运输条件鉴定报告或者使用伪造、变造的危险品航空运输条件鉴定报告的；

（七）伪报品名运输或者在航空货物中夹带危险品、违禁品、管制物品的；

（八）在航空邮件中隐匿、夹带运输危险品、违禁品、管制物品的；

（九）故意散播虚假非法干扰信息的；

（十）对民航安检工作现场及民航安检工作进行拍照、摄像，经民航安检机构警示拒不改正的；

（十一）逃避安全检查或者殴打辱骂民航安全检查员或者其他妨碍民航安检工作正常

开展，扰乱民航安检工作现场秩序的；

（十二）清场、航空器安保检查、航空器安保搜查中发现可疑人员或者物品的；

（十三）发现民用机场公安机关布控的犯罪嫌疑人的；

（十四）其他危害民用航空安全或者违反治安管理行为的。

第六十四条　有下列情形之一的，民航安检机构应当采取紧急处置措施，并立即报告公安机关：

（一）发现爆炸物品、爆炸装置或者其他重大危险源的；

（二）冲闯、堵塞民航安检通道或者民用运输机场控制区安检道口的；

（三）在民航安检工作现场向民用运输机场控制区内传递物品的；

（四）破坏、损毁、占用民航安检设备设施、场地的；

（五）其他威胁民用航空安全，需要采取紧急处置措施行为的。

第六十五条　有下列情形之一的，民航安检机构应当报告有关部门处理：

（一）发现涉嫌走私人员或者物品的；

（二）发现违规运输航空货物的；

（三）发现不属于公安机关管理的危险品、违禁品、管制物品的。

第六十六条　威胁增加时，民航安检机构应当按照威胁等级管理办法的有关规定调整安全检查措施。

第六十七条　民航安检机构应当根据本机构实际情况，与相关单位建立健全应急信息传递及报告工作程序，并建立记录。

第七章　监督检查

第六十八条　民航行政机关及民用航空监察员依法对民航安检工作实施监督检查，行使以下职权：

（一）审查并持续监督民航安检机构的运行条件符合民航局有关规定；

（二）制定民航安检工作年度监督检查计划，并依据监督检查计划开展监督检查工作；

（三）进入民航安检机构及其设立单位进行检查，调阅有关资料，向有关单位和人员了解情况；

（四）对检查中发现的问题，当场予以纠正或者规定限期改正；对依法应当给予行政处罚的行为，依法作出行政处罚决定；

（五）对检查中发现的安全隐患，规定有关单位及时处理，对重大安全隐患实施挂牌督办；

（六）对有根据认为不符合国家标准或者行业标准的设施、设备予以查封或者扣押，并依法作出处理决定；

（七）依法对民航安检机构及其设立单位的主要负责人、直接责任人进行行政约见或者警示性谈话。

第六十九条　民航安检机构及其设立单位应当积极配合民航行政机关依法履行监督检查职责，不得拒绝、阻挠。对民航行政机关依法作出的监督检查书面记录，被检查单位负责人应当签字，拒绝签字的，民用航空监察员应当将情况记录在案，并向民航行政机关报告。

第七十条　民航行政机关应当建立民航安检工作违法违规行为信息库，如实记录民航安检机构及其设立单位的违法行为信息。对违法行为情节严重的单位，应当纳入行业安全评价体系，并通报其上级政府主管部门。

第七十一条　民航行政机关应当建立民航安检工作奖励制度，对保障空防安全、地面安全以及在突发事件处置、应急救援等方面有突出贡献的集体和个人，按贡献给予不同级别的奖励。

第七十二条　民航行政机关应当建立举报制度，公开举报电话、信箱或者电子邮件地址，受理并负责调查民航安检工作违法违规行为的举报。

任何单位和个人发现民航安检机构运行存在安全隐患或者未按照规定实施民航安检工作的，有权向民航行政机关报告或者举报。

民航行政机关应当依照国家有关奖励办法，对报告重大安全隐患或者举报民航安检工作违法违规行为的有功人员，给予奖励。

第八章　法律责任

第七十三条　违反本规则第十条规定，民用运输机场管理机构设立的民航安检机构运行条件不符合本规则要求的，由民航行政机关责令民用运输机场限期改正；逾期不改正的或者经改正仍不符合要求的，由民航行政机关依据《民用机场管理条例》第六十八条对民用运输机场作出限制使用的决定，情节严重的，吊销民用运输机场使用许可证。

第七十四条　民航安检机构设立单位的决策机构、主要负责人不能保证民航安检机构正常运行所必需资金投入，致使民航安检机构不具备运行条件的，由民航行政机关依据《中华人民共和国安全生产法》第九十条责令限期改正，提供必需的资金；逾期未改正的，责令停产停业整顿。

第七十五条　有下列情形之一的，由民航行政机关依据《中华人民共和国安全生产法》第九十四条责令民航安检机构设立单位改正，可以处五万元以下的罚款；逾期未改正的，责令停产停业整顿，并处五万元以上十万元以下的罚款，对其直接负责的主管人员和其他直接责任人员处一万元以上二万元以下的罚款：

（一）违反第十二条规定，未按要求开展培训工作或者未如实记录民航安检培训情况的；

（二）违反第十四、十五条规定，民航安全检查员未按要求经过培训并具备岗位要求的理论和技能水平，上岗执勤的；

（三）违反第二十四条规定，人员未按要求经过培训，从事民航安检设备使用验收检测、定期检测工作的；

（四）违反第六十一条规定，未按要求制定突发事件处置预案或者未定期实施演练的。

第七十六条　有下列情形之一的，由民航行政机关依据《中华人民共和国安全生产法》第九十六条责令民航安检机构设立单位限期改正，可以处五万元以下的罚款；逾期未改正的，处五万元以上二十万元以下的罚款，对其直接负责的主管人员和其他直接责任人员处一万元以上二万元以下的罚款；情节严重的，责令停产停业整顿：

（一）违反第二十一、二十二条规定，民航安检设备的安装、使用、检测、改造不符合国家标准或者行业标准的；

（二）违反本规则第二十二条规定，使用定期检测不合格的民航安检设备的；

（三）违反第二十二条规定，未按要求对民航安检设备进行使用验收、维护、定期检测的。

第七十七条　违反本规则有关规定，民航安检机构或者民航安检机构设立单位未采取措施消除安全隐患的，由民航行政机关依据《中华人民共和国安全生产法》第九十九条责令民航安检机构设立单位立即消除或者限期消除；民航安检机构设立单位拒不执行的，责令停产停业整顿，并处十万元以上五十万元以下的罚款，对其直接负责的主管人员和其他直接责任人员处二万元以上五万元以下的罚款。

第七十八条　违反本规则第六十九条规定，民航安检机构或者民航安检机构设立单位拒绝、阻碍民航行政机关依法开展监督检查的，由民航行政机关依据《中华人民共和国安全生产法》第一百零五条责令改正；拒不改正的，处二万元以上二十万元以下的罚款；对其直接负责的主管人员和其他直接责任人员处一万元以上二万元以下的罚款。

第七十九条　有下列情形之一的，由民航行政机关责令民航安检机构设立单位限期改正，处一万元以下的罚款；逾期未改正的，处一万元以上三万元以下的罚款：

（一）违反第八条规定，未设置专门的民航安检机构的；

（二）违反第十二条规定，未依法制定或者实施民航安检工作质量控制管理制度或者未如实记录质量控制工作情况的；

（三）违反第十三条规定，未根据实际适时调整民航安检工作运行管理手册的；

（四）违反第十四条第二款规定，未及时调离不适合继续从事民航安检工作人员的；

（五）违反第十八条规定，X射线安检仪操作检查员工作时间制度不符合要求的；

（六）违反第十九、二十条规定，未依法提供劳动健康保护的；

（七）违反第二十三条规定，未按规定上报民航安检设备信息的；

（八）违反第二十五条规定，未按照民航安检工作运行管理手册组织实施民航安检工作的；

（九）违反第二十八条规定，未在民航安检工作现场设置禁止拍照、摄像警示标识的；

（十）违反第六十二、六十三、六十四、六十五、六十六条规定，未按要求采取民航安检工作特殊情况处置措施的；

（十一）违反第六十七条规定，未按要求建立或者运行应急信息传递及报告程序或者未按要求记录应急信息的。

第八十条 违反第二十六条规定，公共航空运输企业、民用运输机场管理机构未按要求宣传、告知民航安检工作规定的，由民航行政机关责令限期改正，处一万元以下的罚款；逾期未改正的，处一万元以上三万元以下的罚款。

第八十一条 违反第三十九条第二款规定，公共航空运输企业未按要求向旅客通告特殊物品目录及批准程序或者未按要求与民航安检机构建立特殊物品和信息传递程序的，由民航行政机关责令限期改正，处一万元以下的罚款；逾期未改正的，处一万元以上三万元以下的罚款。

第八十二条 有下列情形之一的，由民航行政机关责令民用运输机场管理机构限期改正，可以处一万元以上三万元以下的罚款；逾期未改正的，处一万元以上三万元以下的罚款：

（一）违反第四十一条第二款规定，民用运输机场管理机构未按要求为旅客提供暂存服务的；

（二）违反第四十一条第三款规定，民用运输机场管理机构未按要求提供条件，保管或者处理旅客暂存、自弃、遗留物品的；

（三）违反第六十条第一款规定，民用运输机场管理机构未按要求履行监督检查管理职责的。

第八十三条 有下列情形之一的，由民航安检机构予以纠正，民航安检机构不履行职责的，由民航行政机关责令改正，并处一万元以上三万元以下的罚款：

（一）违反第十六条规定，民航安全检查员执勤时着装或者佩戴标志不符合要求的；

（二）违反第十七条规定，民航安全检查员执勤时从事与民航安检工作无关活动的；

（三）违反第五章第二、三、四节规定，民航安全检查员不服从管理，违反规章制度或者操作规程的。

第八十四条 有下列情形之一的，由民航行政机关的上级部门或者监察机关责令改正，并根据情节对直接负责的主管人员和其他直接责任人员依法给予处分：

（一）违反第十一条规定，未按要求审核民航安检机构运行条件或者提供虚假审核意见的；

（二）违反第六十八条规定，未按要求有效履行监督检查职能的；

（三）违反第七十条规定，未按要求建立民航安检工作违法违规行为信息库的；

（四）违反第七十一条规定，未按要求建立或者运行民航安检工作奖励制度的；

（五）违反第七十二条规定，未按要求建立或者运行民航安检工作违法违规行为举报制度的。

第八十五条　民航安检机构设立单位及民航安全检查员违规开展民航安检工作，造成安全事故的，按照国家有关规定追究相关单位和责任人员的法律责任。

第八十六条　违反本规则有关规定，行为构成犯罪的，依法追究刑事责任。

第八十七条　违反本规则有关规定，行为涉及民事权利义务纠纷的，依照民事权利义务法律法规处理。

第九章　附　　则

第八十八条　本规则下列用语定义：

（一）"民用运输机场"，是指为从事旅客、货物运输等公共航空运输活动的民用航空器提供起飞、降落等服务的机场。包括民航运输机场和军民合用机场的民用部分。

（二）"民用航空安全检查工作"，是指对进入民用运输机场控制区的旅客及其行李物品，其他人员、车辆及物品和航空货物、航空邮件等进行安全检查的活动。

（三）"航空货物"，是指除航空邮件、凭"客票及行李票"运输的行李、航空危险品外，已由或者将由民用航空运输的物品，包括普通货物、特种货物、航空快件、凭航空货运单运输的行李等。

（四）"航空邮件"，是指邮政企业通过航空运输方式寄递的信件、包裹等。

（五）"民航安全检查员"，是指持有民航安全检查员国家职业资格证书并从事民航安检工作的人员。

（六）"民航安检现场值班领导岗位管理人员"，是指在民航安检工作现场，负责民航安检勤务实施管理和应急处置管理工作的岗位。民航安检工作现场包括旅客人身及随身行李物品安全检查工作现场、托运行李安全检查工作现场、航空货邮安全检查工作现场、其他人员安全检查工作现场及民用运输机场控制区道口安全检查工作现场等。

（七）"旅客"，是指经公共航空运输企业同意在民用航空器上载运的除机组成员以外的任何人。

（八）"其他人员"，是指除旅客以外的，因工作需要，经安全检查进入机场控制区或者民用航空器的人员，包括但不限于机组成员、工作人员、民用航空监察员等。

（九）"行李物品"，是指旅客在旅行中为了穿着、使用、舒适或者方便的需要而携带的物品和其他个人财物。包括随身行李物品、托运行李。

（十）"随身行李物品"，是指经公共航空运输企业同意，由旅客自行负责照管的行李和自行携带的零星小件物品。

（十一）"托运行李"，是指旅客交由公共航空运输企业负责照管和运输并填开行李票的行李。

（十二）"液态物品"，包括液体、凝胶、气溶胶等形态的液态物品。其包括但不限于水和其他饮料、汤品、糖浆、炖品、酱汁、酱膏；盖浇食品或汤类食品；油膏、乳液、化妆品和油类；香水；喷剂；发胶和沐浴胶等凝胶；剃须泡沫、其他泡沫和除臭剂等高压罐装物品（例如气溶胶）；牙膏等膏状物品；凝固体合剂；睫毛膏；唇彩或唇膏；或室温下稠度类似的任何其他物品。

（十三）"重大危险源"，是指具有严重破坏能力且必须立即采取防范措施的物质。

（十四）"航空器安保检查"，是指对旅客可能已经进入的航空器内部的检查和对货舱的检查，目的在于发现可疑物品、武器、爆炸物或其他装置、物品和物质。

（十五）"航空器安保搜查"，是指对航空器内部和外部进行彻底检查，目的在于发现可疑物品、武器、爆炸物或其他危险装置、物品和物质。

第八十九条 危险品航空运输按照民航局危险品航空运输有关规定执行。

第九十条 在民用运输机场运行的公务航空运输活动的安全检查，由民航局另行规定。

第九十一条 在民用运输机场控制区以外区域进行的安全检查活动，参照本规则有关规定执行。

第九十二条 本规则自 2017 年 1 月 1 日起施行。1999 年 6 月 1 日起施行的《中国民用航空安全检查规则》（民航总局令第 85 号）同时废止。

附录三　中华人民共和国民用航空安全保卫条例

中华人民共和国国务院令

第 201 号

现发布《中华人民共和国民用航空安全保卫条例》，自发布之日起施行。

总理　李　鹏

一九九六年七月六日

第一章　总　　则

第一条　为了防止对民用航空活动的非法干扰，维护民用航空秩序，保障民用航空安全，制定本条例。

第二条　本条例适用于在中华人民共和国领域内的一切民用航空活动以及与民用航空活动有关的单位和个人。

在中华人民共和国领域外从事民用航空活动的具有中华人民共和国国籍的民用航空器适用本条例；但是，中华人民共和国缔结或者参加的国际条约另有规定的除外。

第三条　民用航空安全保卫工作实行统一管理、分工负责的原则。

民用航空公安机关（以下简称民航公安机关）负责对民用航空安全保卫工作实施统一管理、检查和监督。

第四条　有关地方人民政府与民用航空单位应当密切配合，共同维护民用航空安全。

第五条　旅客、货物托运人和收货人以及其他进入机场的人员，应当遵守民用航空安全管理的法律、法规和规章。

第六条　民用机场经营人和民用航空器经营人应当履行下列职责：

（一）制定本单位民用航空安全保卫方案，并报国务院民用航空主管部门备案；

（二）严格实行有关民用航空安全保卫的措施；

（三）定期进行民用航空安全保卫训练，及时消除危及民用航空安全的隐患。

与中华人民共和国通航的外国民用航空企业，应当向国务院民用航空主管部门报送民用航空安全保卫方案。

第七条　公民有权向民航公安机关举报预谋劫持、破坏民用航空器或者其他危害民用航空安全的行为。

第八条　对维护民用航空安全做出突出贡献的单位或者个人，由有关人民政府或者国务院民用航空主管部门给予奖励。

第二章　民用机场的安全保卫

第九条　民用机场（包括军民合用机场中的民用部分，下同）的新建、改建或者扩建，应当符合国务院民用航空主管部门关于民用机场安全保卫设施建设的规定。

第十条　民用机场开放使用，应当具备下列安全保卫条件：

（一）设有机场控制区并配备专职警卫人员；

（二）设有符合标准的防护围栏和巡逻通道；

（三）设有安全保卫机构并配备相应的人员和装备；

（四）设有安全检查机构并配备与机场运输量相适应的人员和检查设备；

（五）设有专职消防组织并按照机场消防等级配备人员和设备；

（六）订有应急处置方案并配备必要的应急援救设备。

第十一条　机场控制区应当根据安全保卫的需要，划定为候机隔离区、行李分检装卸区、航空器活动区和维修、货物存放区等，并分别设置安全防护设施和明显标志。

第十二条　机场控制区应当有严密的安全保卫措施，实行封闭式分区管理。具体管理办法由国务院民用航空主管部门制定。

第十三条　人员与车辆进入机场控制区，必须佩带机场控制区通行证并接受警卫人员的检查。

机场控制区通行证，由民航公安机关按照国务院民用航空主管部门的有关规定制发和管理。

第十四条　在航空器活动区和维修区内的人员、车辆必须按照规定路线行进，车辆、设备必须在指定位置停放，一切人员、车辆必须避让航空器。

第十五条　停放在机场的民用航空器必须有专人警卫；各有关部门及其工作人员必须严格执行航空器警卫交接制度。

第十六条　机场内禁止下列行为：

（一）攀（钻）越、损毁机场防护围栏及其他安全防护设施；

（二）在机场控制区内狩猎、放牧、晾晒谷物、教练驾驶车辆；

（三）无机场控制区通行证进入机场控制区；

（四）随意穿越航空器跑道、滑行道；

（五）强行登、占航空器；

（六）谎报险情，制造混乱；

（七）扰乱机场秩序的其他行为。

第三章　民用航空营运的安全保卫

第十七条　承运人及其代理人出售客票，必须符合国务院民用航空主管部门的有关规定；对不符合规定的，不得售予客票。

第十八条　承运人办理承运手续时，必须核对乘机人和行李。

第十九条　旅客登机时，承运人必须核对旅客人数。

对已经办理登机手续而未登机的旅客的行李，不得装入或者留在航空器内。

旅客在航空器飞行中途中止旅行时，必须将其行李卸下。

第二十条　承运人对承运的行李、货物，在地面存储和运输期间，必须有专人监管。

第二十一条　配制、装载供应品的单位对装入航空器的供应品，必须保证其安全性。

第二十二条　航空器在飞行中的安全保卫工作由机长统一负责。

航空安全员在机长领导下，承担安全保卫的具体工作。

机长、航空安全员和机组其他成员，应当严格履行职责，保护民用航空器及其所载人员和财产的安全。

第二十三条　机长在执行职务时，可以行使下列权力：

（一）在航空器起飞前，发现有关方面对航空器未采取本条例规定的安全措施的，拒绝起飞；

（二）在航空器飞行中，对扰乱航空器内秩序，干扰机组人员正常工作而不听劝阻的人，采取必要的管束措施；

（三）在航空器飞行中，对劫持、破坏航空器或者其他危及安全的行为，采取必要的措施；

（四）在航空器飞行中遇到特殊情况时，对航空器的处置作最后决定。

第二十四条　禁止下列扰乱民用航空营运秩序的行为：

（一）倒卖购票证件、客票和航空运输企业的有效订座凭证；

（二）冒用他人身份证件购票、登机；

（三）利用客票交运或者捎带非旅客本人的行李物品；

（四）将未经安全检查或者采取其他安全措施的物品装入航空器。

第二十五条　航空器内禁止下列行为：

（一）在禁烟区吸烟；

（二）抢占座位、行李舱（架）；

（三）打架、酗酒、寻衅滋事；

（四）盗窃、故意损坏或者擅自移动救生物品和设备；

（五）危及飞行安全和扰乱航空器内秩序的其他行为。

第四章　安全检查

第二十六条　乘坐民用航空器的旅客和其他人员及其携带的行李物品，必须接受安全检查；但是，国务院规定免检的除外。

拒绝接受安全检查的，不准登机，损失自行承担。

第二十七条　安全检查人员应当查验旅客客票、身份证件和登机牌，使用仪器或者手工对旅客及其行李物品进行安全检查，必要时可以从严检查。

已经安全检查的旅客应当在候机隔离区等待登机。

第二十八条　进入候机隔离区的工作人员（包括机组人员）及其携带的物品，应当接受安全检查。

接送旅客的人员和其他人员不得进入候机隔离区。

第二十九条　外交邮袋免予安全检查。外交信使及其随身携带的其他物品应当接受安全检查；但是，中华人民共和国缔结或者参加的国际条约另有规定的除外。

第三十条　空运的货物必须经过安全检查或者对其采取的其他安全措施。

货物托运人不得伪报品名托运或者在货物中夹带危险物品。

第三十一条　航空邮件必须经过安全检查。发现可疑邮件时，安全检查部门应当会同邮政部门开包查验处理。

第三十二条　除国务院另有规定的外，乘坐民用航空器的，禁止随身携带或者交运下列物品：

（一）枪支、弹药、军械、警械；

（二）管制刀具；

（三）易燃、易爆、有毒、腐蚀性、放射性物品；

（四）国家规定的其他禁运物品。

第三十三条　除本条例第三十二条规定的物品外，其他可以用于危害航空安全的物品，旅客不得随身携带，但是可以作为行李交运或者按照国务院民用航空主管部门的有关规定由机组人员带到目的地后交还。

对含有易燃物质的生活用品实行限量携带。限量携带的物品及其数量，由国务院民用航空主管部门规定。

第五章　罚　　则

第三十四条　违反本条例第十四条的规定或者有本条例第十六条、第二十四条第一项和第二项、第二十五条所列行为的，由民航公安机关依照《中华人民共和国治安管理处罚条例》有关规定予以处罚。

第三十五条　违反本条例的有关规定，由民航公安机关按照下列规定予以处罚：

（一）有本条例第二十四条第四项所列行为的，可以处以警告或者 3000 元以下的罚款；

（二）有本条例第二十四条第三项所列行为的，可以处以警告、没收非法所得或者 5000 元以下罚款；

（三）违反本条例第三十条第二款、第三十二条的规定，尚未构成犯罪的，可以处以 5000 元以下罚款、没收或者扣留非法携带的物品。

第三十六条　违反本条例的规定，有下列情形之一的，民用航空主管部门可以对有关单位处以警告、停业整顿或者 5 万元以下的罚款；民航公安机关可以对直接责任人员处以警告或者 500 元以下的罚款：

（一）违反本条例第十五条的规定，造成航空器失控的；

（二）违反本条例第十七条的规定，出售客票的；

（三）违反本条例第十八条的规定，承运人办理承运手续时，不核对乘机人和行李的；

（四）违反本条例第十九条的规定的；

（五）违反本条例第二十条、第二十一条、第三十条第一款、第三十一条的规定，对收运、装入航空器的物品不采取安全措施的。

第三十七条　违反本条例的有关规定，构成犯罪的，依法追究刑事责任。

第三十八条　违反本条例规定的，除依照本章的规定予以处罚外，给单位或者个人造成财产损失的，应当依法承担赔偿责任。

第六章　附　　则

第三十九条　本条例下列用语的含义：

"机场控制区"，是指根据安全需要在机场内划定的进出受到限制的区域。

"候机隔离区"，是指根据安全需要在候机楼（室）内划定的供已经安全检查的出港旅客等待登机的区域及登机通道、摆渡车。

"航空器活动区"，是指机场内用于航空器起飞、着陆以及与此有关的地面活动区域，包括跑道、滑行道、联络道、客机坪。

第四十条　本条例自发布之日起施行。